Udo   Dammer

Zimmerblattpflanzen

Udo   Dammer

Zimmerblattpflanzen

ISBN/EAN: 9783337198725

Hergestellt in Europa, USA, Kanada, Australien, Japan

Cover: Foto ©berggeist007 / pixelio.de

Weitere Bücher finden Sie auf **www.hansebooks.com**

Berlin 1908

Inhalt

[pg 3]

Vorwort

Das vorliegende Bändchen soll dem Freunde der Zimmerblattpflanzen kurze Winke über die Kultur der Blattpflanzen geben. Auf ausführliche Beschreibungen glaubte Verfasser verzichten zu können, da diese in den Spezialbändchen der Bibliothek gegeben werden sollen. Hier kam es nur darauf an, die allgemeinen Lebensbedingungen der Blattpflanzen kurz zu erörtern, allgemeine Winke für die Kultur der Blattpflanzen zu geben und eine Auswahl von Blattpflanzen zu treffen, die der Laie auch wirklich im Zimmer kultivieren kann. Allerdings konnte ich es mir nicht versagen, auch einige Arten aufzunehmen, die man besser im Glaskasten als frei im Zimmer hält. Eigene Erfahrung hat mich aber belehrt, daß diese zarten Pflanzen sich bei sorgsamer Pflege, wozu vor allem gleichmäßige Feuchtigkeit und Temperatur des Erdballens gehören, auch längere Zeit frei im Zimmer halten lassen. Möge der Liebhaber, welcher schon andere Pflanzen längere zeit kultiviert hat, sich einmal an ihnen versuchen! Die Schönheit dieser Pflanzen, welche in unseren deutschen Gärtnereien leider fast

6

vollständig verschwunden sind, lohnt wohl die doch immerhin geringe [pg 4] Mühe, welche sie bereiten. zu besonderem Danke bin ich der Firma **Haage & Schmidt** in Erfurt, eine der wenigen Gärtnereien in Deutschland, die noch seltenere Pflanzen kultiviert, verpflichtet für die Ueberlassung der Abbildungen. Die in diesem Werkchen besprochenen Pflanzen sind sämtlich in dieser Gärtnerei vorhanden.

Groß-Lichterfelde, im Frühjahr 1899.

Udo Dammer.

Vorwort zur zweiten Auflage

Die freundliche Aufnahme, welche die erste Auflage erfahren hat, hat eine neue Auflage des vorliegenden Bändchens nötig gemacht. Am Inhalte habe ich nur wenig zu ändern gehabt: einige neue Arten, welche sich als gut geeignet für das zimmer bewährt haben, wurden aufgenommen. Wünschenswert erschien es mir auch, auf einige neuere Hilfsmittel für die Kultur der Zimmerblattpflanzen hinzuweisen. Möge auch diese neue Auflage dem Anfänger in der Zimmerblattpflanzenkultur ein brauchbarer Ratgeber sein.

Dahlem, im Januar 1908.

Udo Dammer.

[pg 5]

Register

9

11

1. Kapitel. Allgemeine Lebensbedingungen

Um Blattpflanzen mit Erfolg im Zimmer kultivieren zu können, d. h. sie zur höchsten Entwickelung zu bringen, ist es nötig, daß man im Auge behält, daß es die Blätter sind, welche, und zwar nur im Lichte, die Hauptmasse der festen Pflanzensubstanz, den Kohlenstoff, aus der Luft in Gestalt von Kohlensäure, aufnehmen und aus dieser den Kohlenstoff abscheiden. Ohne Licht ist diese Arbeit der Blätter nicht möglich. Sie findet am intensivsten im Sonnenlichte, weniger stark im zerstreuten Tageslichte statt und vermindert sich in dem Maße, wie das Licht abnimmt. Im Zimmer erhält nun jede Pflanze sehr viel weniger Licht als im Freien. Schon in einer Entfernung von einem Meter vom Fenster hat die Pflanze nur noch ein Fünftel der Lichtmenge, welche eine Pflanze im Garten erhält. Sie kann also hier nur ein Fünftel der Arbeit verrichten. Je näher wir die Pflanze an das Fenster stellen, desto mehr Licht erhält sie, desto besser wird sie sich entwickeln.

Die Kohlensäure ist in der Luft nur in geringer Menge enthalten. In 10,000 Teilen Luft sind nur etwa 4 Teile Kohlensäure. Außerdem braucht die Pflanze aber [pg 10] noch aus der Luft Sauerstoff, ein Gas, von welchem in

100 Teilen Luft nur 21 Teile enthalten sind. Um der Pflanze diese beiden Bestandteile recht reichlich zuführen zu können, müssen wir ihr also recht viel frische Luft geben.

Die Hauptmasse der frischen Pflanze bildet Wasser. Ohne Wasser kann die Pflanze nicht leben. Die großen Blattflächen verdunsten beständig Wasser, um so mehr, je trockener die Luft ist. Zimmerluft ist, besonders im Winter im geheizten Zimmer, außerordentlich trocken. Die Wasser-Verdunstung der Pflanze ist dann eine besonders starke. Den durch die Verdunstung entstehenden Wasserverlust müssen wir durch Begießen ersetzen.

Mit dem Wasser nimmt die Pflanze aus dem Boden Nährstoffe auf, die sie während der Vegetationsperiode braucht. Während der Ruheperiode braucht die Pflanze diese Nährstoffe nicht oder nur in sehr beschränktem Maße. Deshalb müssen wir dafür sorgen, daß die Pflanze während der Ruheperiode möglichst wenig verdunstet, damit sie nicht gezwungen ist, mit dem Wasser viel Nährstoffe aufzunehmen. Die Verdunstung wird eingeschränkt durch feuchte Luft und niedere Temperatur. Wenn wir die Blätter häufig bespritzen, bildet sich um dieselben eine feuchte, kühle Luft. Außerdem können wir die Pflanzen dadurch vor zu starker Verdunstung bewahren, daß wir sie während der Nacht mit einem über einige Stäbe gebreiteten Stück nasser Leinwand, Gaze oder dergl. bedecken. Während der Vegetationsperiode müssen wir andererseits für reichliche Verdunstung und reichlichen Wasserersatz sorgen, damit die Pflanzen mit dem Wasser recht viel Nährstoffe aus dem [pg 11] Boden aufnehmen. Die Wasseraufnahme erfolgt nur durch Wurzeln und zwar um so stärker, je wärmer die die Wurzeln umgebende Erde ist. Je kühler der Boden ist, desto geringer ist die Wurzeltätigkeit. Während der Vegetationsperiode begießen wir die Pflanzen deshalb mit

Wasser, das wärmer ist als die Zimmertemperatur. Zartere kann man nach und nach an Wasser von 25 bis 30° R [31,25 bis 37,5° C] gewöhnen. Sie befinden sich dann dabei sehr wohl. Niemals sollte man Wasser zum Begießen verwenden, das kühler als die Zimmertemperatur ist.

Die Erde im Topfe soll stets eine bestimmte Menge Luft enthalten. Erde, welche dauernd so naß ist, daß keine Luft darin Platz hat, ist nicht geeignet für das Wachstum der Pflanzen. Die Wurzeln ersticken in solcher Erde und verfaulen, die Pflanze geht zu Grunde. Deshalb muß man dafür sorgen, daß das überschüssige Gießwasser schnell aus dem Topf abfließen kann. Das Loch im Boden des Topfes darf niemals durch Erde verstopft sein. Andrerseits darf die Erde nicht zu trocken werden, weil sonst die Pflanzen nicht genügend Wasser finden, ganz trockene Erde aber häufig nur sehr schwer wieder Wasser annimmt. Wenn die Pflanzen täglich mit zu wenig Wasser begossen werden, dann tritt nicht selten der Fall ein, daß die Erde im Topfe nach und nach von unten her trocken wird, während sie oben feucht ist. Die Wurzeln vertrocknen dann leicht. Pflanzen, deren Erde zu trocken geworden ist, stellt man mehrere Stunden bis an den Topfrand in eine Schüssel Wasser von etwa 30 Grad R [37,5° C]. Um eine gleichmäßige, nicht zu starke und [pg 12] nicht zu geringe Feuchtigkeit der Erde im Topfe zu erhalten, begießt man nur dann, wenn die Pflanze Wasser braucht, d. h. wenn die Blätter anfangen schlaff zu werden; dann aber gießt man so reichlich, bis das Wasser aus dem Abflußloche herausfließt. Wenn das Wasser sofort nach dem Begießen abfließt, dann ist das ein Zeichen, daß die Erde an einer Stelle so trocken ist, daß sie kein Wasser mehr annimmt. Der Topf ist dann sofort in Wasser zu stellen.

Alle Pflanzen brauchen zu ihrem Gedeihen eine bestimmte

Temperatur. Jede Pflanze hat im Laufe des Jahres eine bestimmte Ruheperiode. Während dieser Periode kann die Temperatur niedriger sein, als während der Zeit der Wachstums. Je nach der Heimat der betreffenden Pflanze muß die Temperatur während der Ruheperiode kälter oder wärmer sein. Pflanzen der Tropen wollen auch während der Nuheperiode eine Temperatur von 12–15° R. [15–18°C], sie sind also im geheizten Wohnzimmer zu halten. Pflanzen der Subtropen und der diesem Klima entsprechenden tropischen Gebirge hält man am besten bei 6–10° R. [7–12°C], also in ungeheizten, aber mit geheizten Räumen in Verbindung stehenden Zimmern. Pflanzen der warmen gemäßigten Zone werden am besten bei 2 bis 4° R. überwintert, also im frostfreien hellen Keller, auf hellen Korridoren etc. Pflanzen der kalten gemäßigten Zone müssen im Winter ganz kalt stehen, leichter Frost ist ihnen nicht schädlich. Nur soll man die in Töpfen stehenden Pflanzen nicht zu strenger Kälte auösetzen.

[pg 13]

2. Kapitel. Die Standorte für Zimmerpflanzen

Der beste Platz für die Zimmerpflanzen ist das Fensterbrett eines vorspringenden Erkers, der von drei Seiten Licht erhält. In einem solchen Erker können die Pflanzen auch noch ohne Schaden etwas vom Fenster entfernt stehen. Demnächst ist das Fensterbrett eines gewöhnlichen Zimmers am vorteilhaftesten. Für härtere Pflanzen, namentlich diejenigen des Kaplandes und Australiens, ist das Doppelfenster ein guter Platz. Leider sind die Fensterbretter und die Doppelfenster in unseren modernen Häusern so schmal, daß Pflanzen daselbst wenig Platz haben. Die Fensterbretter verbreitert man am einfachsten durch ein Brett, welches man durch zwei Streben stützt. Um die durch jedes Fenster eindringende kalte Luft von den Töpfen fern zu halten, legt man auf das Fensterbrett quer einige Stäbe und auf diese ein der Länge nach rechtwinklig gebogenes Stück Pappe, so, daß die hochstehende Hälfte dem Fenster zugewendet ist. Die kalte Luft fließt dann unter der Pappe ab.

Für den Erker sowohl als auch für das Zimmer am Fenster ist sodann der Blumentritt sehr zu empfehlen. [pg 14] Derselbe soll nicht zu schmale Stufen haben. Um das lästige Abtropfen beim Begießen zu vermeiden, werden auf die Stufen am besten flache Zinkkästen gesetzt. Blumentritte lassen sich mit Blattpflanzen sehr schön bestellen. Sie gewähren auf kleinem Raum einer großen Anzahl Pflanzen Platz.

Weniger empfehlenswert sind Blumentische. Ganz zu verwerfen sind die runden Tische, weil auf ihnen die Pflanzen nur teilweise Licht erhalten. Etwas besser sind lange, schmale Tische, auf denen die Pflanzen nur in einer, höchstens in zwei Reihen stehen können. Eine schöne Anordnung der Pflanzen auf solchen Tischen ist jedoch selten möglich. Besser sind da schon die Blumenständer für einzelne Pflanzen. Die denselben in der Regel mitgegebenen großen Töpfe aus Porzellan oder Majolika sind aber unbrauchbar, weil die Luft nicht an die hineingestellten

Töpfe kommen kann.

Für ganz zarte Pflanzen, welche beständig feuchte Luft brauchen, kommt die Glasglocke und der Glaskasten in Anwendung. Glasglocken sollen keinen Knopf haben. Da aber größere Dimensionen derselben teuer sind, empfiehlt sich mehr der Glaskasten. Die einfachste Form desselben besteht aus 5 Scheiben, welche mit Papierstreifen und Eiweiß zusammengeklebt werden. Mit einem solchen Kasten bedeckt man Pflanzen, deren Töpfe in einem flachen Holz- oder Blechkasten stehen. Will man etwas mehr anwenden, so lasse man sich vom Klempner ein einfaches Gestell aus Zinkblech, in das Glasscheiben eingeschoben werden können, anfertigen. Das Gestell ist mit einem [pg 15] Blechkasten aus Zinkblech fest verbunden. In einem solchen Kasten kann man die empfindlichsten Blattpflanzen halten. Er läßt sich auch leicht heizen, wenn der Boden von Eisenblech ist. Als Heizmaterial verwendet man am einfachsten Brennöl. Ein Nachtlicht liefert genügend Wärme.

3. Kapitel. Hilfsmittel für die Kultur

Die den Pflanzen in den Töpfen gebotene Nahrung reicht gewöhnlich nicht lange aus, um sie zur höchsten Entwickelung zu bringen. Wir behelfen uns deshalb in der Weise, daß wir die Pflanzen häufiger in größere Töpfe pflanzen und ihnen bei dieser Gelegenheit frische, nahrhafte Erde geben, oder in der Weise, daß wir die Pflanzen düngen.

Im Zimmer sind für die Düngung am besten die reinen Pflanzennährsalze geeignet und zwar in Gestalt von phosphorsaurem Kali und salpetersaurem Kali, welche man zu gleichen Teilen mischt. Man erhält diese beiden Salze in jeder Apotheke, sowie bei jedem Drogisten. Von dem Gemisch gibt man **ein halbes** Gramm in jedes Liter Gießwasser. Da es zu umständlich sein würde, jedesmal diese Menge abzuwiegen, fertigt [pg 16] man sich eine konzentrierte Vorratslösung an, von welcher man etwas zum Gießwasser zugießt. Bringt man z. B. in eine Weinflasche 75 Gramm des Gemisches und füllt die Flasche dann voll Wasser, so erhält man eine Zehntellösung. Um die richtige Verdünnung zu erhalten, muß man also jeden Kubikzentimeter mit 199 Kubikzentimeter reinem Wasser verdünnen. Man mißt zunächst den Inhalt der zum Begießen verwendeten Gießkanne aus. Soviel Liter Wasser die Kanne enthält, soviel mal fünf Kubikzentimeter der Vorratslösung muß man dem Gießwasser zusetzen. Da ein Kaffeelöffel etwa 3 Kubikzentimeter enthält, so kann man auch in jedem Liter Gießwasser zwei Kaffeelöffel der Vorratslösung zuschütten. Mit dieser Vorratslösung reicht man eine ganze Weile. Man gießt mit der Düngerlösung während der Vegetationsperiode anfänglich wöchentlich zweimal, später täglich und läßt allmählich nach, wenn die Pflanze zur Ruhe kommt. **Man hüte sich, mehr als die angegebene Menge zu geben, weil man der Pflanze durch ein Mehr nicht nützt, sondern ihr nur schadet.**

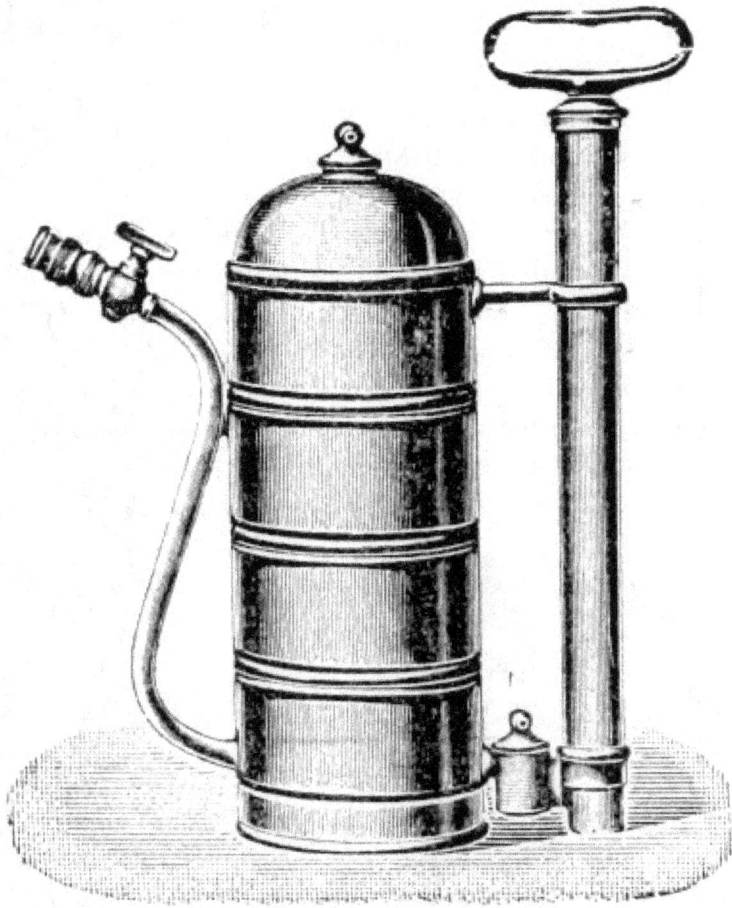

Zerstäuberspritze "Komplett"

Zu einem guten Gedeihen der Blattpflanzen im Zimmer ist ein häufiges Überbrausen unbedingt erforderlich. Je feiner das Wasser zerstäubt wird, desto besser ist es. Man hat im Handel viele Zerstäuber, die aber meist den Fehler haben, daß sie leicht versagen oder zu grob zerstäuben, was für das Zimmer nicht vorteilhaft ist. Ich möchte deshalb auf die ganz aus Metall gearbeitete Zerstäuberspritze »Komplett«

des Klempnermeisters [pg 17] **E. Hildebrandt** in Lankwitz-Berlin hinweisen, welche sich nach meinen Erfahrungen als absolut zuverlässig bewährt hat. Sie faßt etwa zwei Liter und zerstäubt sehr fein. Die ersten Anschaffungskosten sind zwar etwas hoch (17,50 Mk.); aber sie machen sich bald bezahlt, weil die Spritze nicht nur zum Zerstäuben von reinem Wasser, sondern auch zum Zerstäuben von Insecticiden vorzüglich zu brauchen ist. Als bestes Insecticid empfehle ich Thripsolin, das alle an Zimmerpflanzen auftretende [pg 18] Schädlinge schnell und sicher tötet. Es eignet sich, mit der Komplettspritze zerstäubt, auch vorzüglich zur Bekämpfung aller tierischen Schädlinge im Garten.

Heinemann'sche Zimmergießkanne

Zum Begießen der Pflanzen im Zimmer eignet sich am besten die Heinemann'sche Zimmergießkanne, welche etwa ein Liter Wasser faßt. Der Gummischlauch gestattet es, auch bei dicht stehenden Pflanzen jedem Topfe das nötige Wasser zu geben, ohne auch nur einen Tropfen Wasser daneben zu gießen. Ich habe die Kanne bereits über ein Jahrzehnt im täglichen Gebrauch. Zu beziehen ist die Kanne von **F. C. Heinemann** in Erfurt.

4. Kapitel. Anzucht und Vermehrung

Die Anzucht der Blattpflanzen aus Samen bereitet in den meisten Fällen keine besonderen Schwierigkeiten. Sie hat nicht selten den Nachteil, daß es ziemlich lange dauert, bis man einigermaßen ansehnliche Pflanzen erlangt. Schneller kommt man im allgemeinen durch vegetative Vermehrung: Teilung oder Stecklinge zum Ziele. Leider lassen sich aber viele Blattpflanzen auf letztere Weise nicht vermehren.

Für die Anzucht aus Samen ist möglichst frischer Samen unbedingt notwendig. Man bestelle deshalb stets nur ganz frischen Samen und warte lieber mit der Aussaat, bis der Samenhändler frische Saat erhalten hat, als daß man alten Samen Verwendet. Das Geld für letzteren ist in weitaus den meisten Fällen fortgeworfen und alle aufgewendete Mühe umsonst. Die Keimung der Samen wird stets durch etwas erhöhte Temperatur beschleunigt. Samen von Pflanzen aus den Tropen brauchen sogar meist eine etwas erhöhte Bodentemperatur, um zu keimen. Will man sich seine Blattpflanzen aus Samen heranziehen, so ist es deshalb sehr vorteilhaft, wenn man sich einen kleinen [pg 20] Kasten baut, der heizbar ist. Am einfachsten verwendet man eine Kiste Von etwa 25 cm Höhe, in welche man ein Stück starkes Schwarzblech auf vier in den Ecken festgeschraubte Klötze von 8 cm Höhe aufnagelt. Die Kiste wird mit einer Glasscheibe bedeckt. Auf das Schwarzblech bringt man Erde, in welche man die Töpfe mit den Samen bis zum Rande einsenkt. Der Raum zwischen dem Schwarzblech und dem Boden der Kiste, der Heizraum, wird durch ein an einer Seite ausgesägtes Stück zugänglich gemacht und außerdem durch eine Anzahl Löcher von etwa 2–3 cm Durchmesser an allen vier Seiten ventiliert. Zum Heizen verwendet man ein Nachtlicht. Ein kleines Thermometer im oberen Raume ist zur Beobachtung der Temperatur notwendig. In einem solchen Wärmkasten kann man die zartesten Pflanzen aus Samen heranziehen.

Außer Wärme ist zur Keimung der Samen eine recht gleichmäßige, mäßige Feuchtigkeit notwendig. Die Erde, in der die Samen ruhen, darf **niemals** trocken werden. Deshalb bedeckt man die Töpfe, wenn sie frei im Zimmer stehen, mit einer Glasscheibe, wodurch ein zu schnelles Austrocknen der obersten Schicht vermieden wird. Ferner brauchen die Samen zur Keimung auch Luft. Aus diesem Grunde wird die Glasscheibe auf dem Topfe jeden Tag kurze Zeit abgenommen; die Samen aber werden nur so tief in die Erde gebracht, wie sie dick sind. Noch empfehlenswerter ist es, die Samen **auf** die Erde zu legen und mit zerriebenem Torfmoos leicht zu bedecken. Sehr feine Samen, z. B. von Begonien, streut man auf die [pg 21] zuvor mit einem Brettchen leicht angedrückte, völlig geebnete Erde und drückt sie dann leicht an. Sporen von Farnen streut man auf ein Stückchen glattgeschnittenen Moostorf (Insektenkastentorf), dessen Oberfläche man mit einem Hölzchen etwas gelockert hat und legt dann das Torfstück in ein mit etwas Wasser gefülltes Gefäß. Das Wasser ist von Zeit zu Zeit zu erneuern.

Stecklinge lassen sich von Zweigen und Blättern machen. Zweigstecklinge steckt man am besten in recht sandige Erde oder in Torfmull. Auch Kokosfaserabfall eignet sich sehr zur Stecklingsvermehrung. Der Steckling soll stets so geschnitten sein, daß die untere Schnittfläche durch den Blattknoten geht. Man steckt die Stecklinge möglichst nahe an den Rand des Topfes, weil sie sich hier erfahrungsgemäß leichter bewurzeln. Es scheint, als ob die durch die Topfwandung eindringende Luft die Wurzelbildung befördert; wenigstens deutet der Umstand, daß, wenn man in den Topf einen kleineren verkehrt stellt und ihn dann mit Erde füllt, Stecklinge an den Wandungen, sowohl denen des kleineren als auch des größeren leichter Wurzeln bilden als in der Mitte der Erde, darauf hin. Da die unterirdischen Stengel, die Rhizome, ebenfalls Zweige sind, so können auch sie zur Stecklingsvermehrung verwendet werden. Stets sollen die Stecklinge in einer gleichmäßig feuchten Luft gehalten werden. Kann man etwas Bodenwärme geben, so ist es um so besser.

Eine ganze Anzahl Pflanzen mit fleischigen oder dickadrigen Blättern lassen sich verhältnismäßig leicht durch Blattstecklinge vermehren. Es gehören hierher buntblättrige [pg 22] *Begonien, Peperomien, Gesneraceen, Bryophyllum, Sanseviera* etc. Während Blätter normal keine Laubknospen bilden, besitzen die der genannten Pflanzen die Eigenschaft, unter bestimmten Verhältnissen Knospen und Wurzeln zu bilden. Diese Verhältnisse sind: gleichmäßig feuchte Luft

27

und Erde und etwas erhöhte Temperatur. Die Vermehrung durch Blattstecklinge ist also nur in einem heizbaren Kasten auszuführen. Die Methoden der Vermehrung sind verschieden. Im einfachsten Falle steckt man das Blatt, dem man ein Stück des Blattstieles gelassen hat, in sandige Erde (*Peperomien*). Begonienblätter legt man entweder auf feuchten Sand, wobei der Blattstielstumpf in den Sand kommt, durchsticht die Hauptadern an den Gabelstellen und drückt die Blattfläche durch kleine /\ gebogene Holzstückchen fest an den Sand an. Oder man schneidet die Blattfläche bis auf ein kleines Dreieck von etwa 5 cm Länge fort und steckt dieses Dreieck in den Sand. Außer bei *Bryophyllum* welches an den Kanten des Blattrandes Knospen bildet, entwickeln sich nach bald längerer, bald kürzerer Zeit an den Schnittflächen Knospen, welche, wenn sie bewurzelt sind, einzeln in kleine Töpfe gepflanzt werden.

———————

5. Kapitel. Aufzählung der Blattpflanzen

In der folgenden Aufzählung der Blattpflanzen sind diejenigen, welche auch in sonnenlosen Zimmern noch gut gedeihen, durch einen Stern (*) bezeichnet. Diese Pflanzen können auch etwas weiter ab vom Fenster kultiviert werden. Man hüte sich aber, ihnen einen Platz zu geben, wo sie von der strahlenden Hitze des Ofen getroffen werden. Pflanzen, welche einen aufrechten Stamm bilden, sollte man niemals weit vom Fenster aufstellen, weil sie sich sehr nach dem Lichte ziehen und schief werden. Etwas hilft gegen das Schieswachsen ein tägliches Drehen der Pflanze um 90°, so daß jede Seite jeden fünften Tag dem Fenster zugewendet ist. Pflanzen, welche längere Zeit dieselbe Stellung inne hatten und infolgedessen schief geworden sind, vertragen nicht immer eine Umänderung der Stellung, sondern werfen die Blätter. Andere Arten dagegen richten sich auch dann noch nach dem Lichte. Als eine ziemlich allgemein gültige Regel gilt es, daß Pflanzen, deren Blätter außer grün noch eine andere Farbe, weiß, gelb, rot, zeigen, viel direktes Sonnenlicht brauchen, damit die Farben recht intensiv [pg 24] werden. Schattenpflanzen sind dagegen meistens *Farne* und *Aroideen*. Während der heißen Sommermonate müssen die sonneliebenden Pflanzen während der heißen Mittagsstunden durch ein weißes Rouleau gegen die direkte Wirkung der Sonnenstrahlen geschützt werden.

Farne

Die Farnkräuter sind fast durchweg Schattenpflanzen, welche im Walde wachsen, wo sie wenig oder gar nicht direkt von den Sonnenstrahlen getroffen werden. Daraus ergibt sich ohne weiteres, daß wir sie nicht direkt in die Sonne stellen dürfen, sondern so ausstellen müssen, daß das sie treffende Licht durch das Laub davorstehender Pflanzen gedämpft worden ist. Andrerseits wollen die Farne doch reichlich Licht haben, sie dürfen also nicht in dunklen Ecken oder weit ab vom Fenster aufgestellt werden. Ferner verlangen die Farne in den meisten Fällen viel Luftfeuchtigkeit, deshalb sollen sie täglich wiederholt mit dem Zerstäuber besprengt werden. Nur die Gold- und Silberfarne sowie die Gleichenien sind gegen direkte Nässe an den Wedeln sehr empfindlich. Da aber auch diese feuchte Luft zum guten Gedeihen brauchen, so hält man sie am besten unter Glas und sorgt für Luftfeuchtigkeit durch ein in dem Kulturraume aufgestelltes mit Wasser gefülltes flaches Gefäß. Frei im Zimmer stehende Farne werden sich stets sehr schön entwickeln, wenn man sie des Nachts mit nasser Gaze bedeckt, die aber die Wedel nicht berühren darf. Die beste Erde für Farne ist eine Mischung aus [pg 25] 3 Teilen Heideerde und 1 Teil gutverrotteter Lauberde, der man etwas groben reinen Sand und, wenn möglich, kleine Holzkohlenstückchen zusetzt. Außerdem muß eine gute Scherbenunterlage für sehr guten Wasserabfluß gesorgt werden. Die Töpfe für Farne sollen stets mehr breit als tief sein, weil die Wurzeln sich flach ausbreiten. Aus diesem

Grunde sind Schalen besser als Töpfe. Fehlen Schalen, so vermindert man den Raum. für die Erde in den Töpfen durch eine hohe Scherbenunterlage. Während der Wachstumperiode sind Farne für eine schwache flüssige Düngung sehr dankbar. Frei im Zimmer halten sich die Farne mit derben, lederartigen Blättern (»Wedeln«) am besten. Zu diesen gehören:

Cyrtomium falcatum Sw., in Japan, China, am. Himalaya und an den Nilgherries, auf den Sandwichsinseln, Madagascar und in S.-Afrika heimisch, mit 30–60 cm langen, 15–22 cm breiten, einfach gefiederten Wedeln, deren Fiedern 10–15 cm lang, 2½–5 cm breit, eiförmig zugespitzt, sichelförmig sind.

Asplenum Nidus L.[1]. Das Vogelnest, von den ostafrikanischen Inseln bis nach Japan, den Gesellschaftsinseln und Neukaledonien heimisch, ausgezeichnet durch einfache 60–120 cm lange, 7½–20 cm breite, lanzettliche, zugespitzte, lederartige, dunkelgrüne Wedel, welche so zusammenstehen, daß sie ein riesiges Nest zu bilden scheinen.

Polypodium aureum L.[2], ein in Ost-Amerika von der Halbinsel Florida bis Brasilien heimisches, prächtiges Farnkraut mit kriechendem, dicht mit rostbraunen Schuppen besetztem Wurzelstock, von dem sich die bei guter Pflege [pg 26] und genügender Wärme und Luftfeuchtigkeit bis mannshohen, bis einen halben Meter breiten, im Zimmer aber meist nur einen halben bis einen Meter hohen und einen viertel Meter breiten Wedel erheben. Die Wedel sind langgestielt, in eine lange Spitze ausgezogen und seitwärts bis nahe an den Mittelnerv in bald mehr bald weniger zahlreiche etwas gewellte Lappen eingeschnitten. Das schönste an diesen Wedeln ist die eigentümliche, köstlich blaugrüne, beduftete Farbe, von der sich an fruktifizierenden Wedeln die leuchtend orangegelben Fruchthäufchen äußerst wirkungsvoll abheben. Während die beiden zuerst genannten Arten im Winter kühl, möglichst bei 4–6° R. [5–7,5°C], stehen wollen, zieht dieses Farnkraut einen etwas wärmeren Standort vor.

Platycerium

Selten in Kultur, aber seiner Eigentümlichkeiten wegen sehr zu empfehlen ist das ganz harte Elephantenohr, *Platycerium alcicorne Desv.*, im gemäßigten Australien, auf den Mascarenen und Seychellen heimisch. In der Heimat wächst diese Pflanze an Baumstämmen, sie gedeiht bei uns aber

33

auch im Topfe sehr gut. Ihren Namen hat die Pflanze nach den eigenartigen Wedeln, welche in Größe, Form und Farbe in der Tat sehr an Elephantenohren erinnern. Diese Wedel stehen aufrecht und bilden niemals Sporen. Außer ihnen treten nun noch vollständig anders geformte Wedel auf, welche 60 bis 90 cm lang werden und wiederholt gabelig geteilt sind. Die einzelnen Lappen hängen wie breite blaugrüne Lederstreifen herab und tragen bisweilen auf der Rückseite in der Nähe der Spitze ausgebreitete braune [pg 27] Sporenmassen. Auch dieses Farnkraut will im Winter nicht zu warm stehen.

Pteris serrulata

Von den dünnblättrigen Farnen sind zunächst einige *Pteris*-Arten für das Zimmer sehr zu empfehlen. Sehr verbreitet ist *Pteris cretica L.*, eine in der warmen gemäßigten Zone beider Hemisphären heimische Art, welche 15–30 cm lange, zierliche, langgefiederte Wedel bildet. Wie bei vielen Farnen sind hier die sporentragenden, fertilen Wedel von den unfruchtbaren, sterilen, abweichend gebildet. Sehr hübsch ist eine aus Japan stammende weißgestreifte Form *albo-lineata*[3]. Noch zierlicher ist der ebenfalls ganz harte *Pteris serrulata L. fil.*[4] in China, Japan und Natal heimisch, dessen [pg 28] 25–50 cm lange, 15–25 cm breite Wedel in sehr feine Fiedern zerschlitzt sind und äußerst graziöse Büsche bilden. Beide Arten wollen im Winter kühl, bei 4 bis 6° R. [5–7,5°C] stehen. Etwas wärmer will *Pteris quadriaurita Retz*, eine in den Tropen heimische Art, stehen. Sie gedeiht auch im geheizten Wohnzimmer, wenn für feuchte Luft gesorgt wird. Die gefiederten Wedel erreichen bei der Stammform bis zu 1 m Länge und 30 Cm, ja noch mehr Breite. Schöner sind einige Varietäten, von denen man eine mit breitem weißen Mittelbande als *Pteris argyraea Moore* ziemlich häufig antrifft. Ganz besonders schön und dabei klein bleibend ist die Varietät *Pteris tricolor Linden*[5], deren Wedel auf grünem Grunde weiß und rot gezeichnet sind. Diese Form wird am schönsten im Glaskasten an einem sonnigen Fenster, wenn man die [pg 29] direkten Sonnenstrahlen durch Leinewand abhält.

Adiantum cuneatum

Recht beliebt sind die **Frauenhaar-** oder *Adiantum*-Arten. Die
Wedel derselben sind entweder ganz einfach, so bei dem
etwas selteneren *Adiantum reniforme L.*, aus Madeira,
Teneriffa, Mauritius und Bourbon, oder einfach gefiedert
oder doppelt gefiedert oder wiederholt gabelig geteilt und
dann mit zahlreichen Fiedern an den einzelnen Zweigen
besetzt. Alle *Adiantum*-Arten sind leicht an den zierlich
dünnen Wedelstielen, den charakteristisch geformten keil-
oder rautenförmigen Fiedern, der auffallend dünnen und
dabei doch festen Textur derselben und den am Rande auf
der Unterseite sitzenden etwa halbmondförmigen
Fruchthäufchen sehr leicht zu erkennen. Wegen ihrer
dünnen Textur vertragen sie alle keine trockene Luft und
gedeihen am schönsten im hellen Glaskasten. Einige [pg 30]

Arten lassen sich aber bei sorgsamer Pflege auch frei im Zimmer halten, wie *Adiantum cuneatum*[6], *A. Capillus Veneris L.*[7], das **Venushaar**, welches über die ganze Erde verbreitet ist, und *Adiantum pedatum L.*, das **fußförmige Frauenhaar** aus Nordamerika und Südostasien, wenn man sie im Winter im kühlen Zimmer einziehen läßt und dann nur eben vor dem Vertrocknen schützt. Die beiden letzten Arten halten übrigens unter leichter Decke auch im Freien aus.

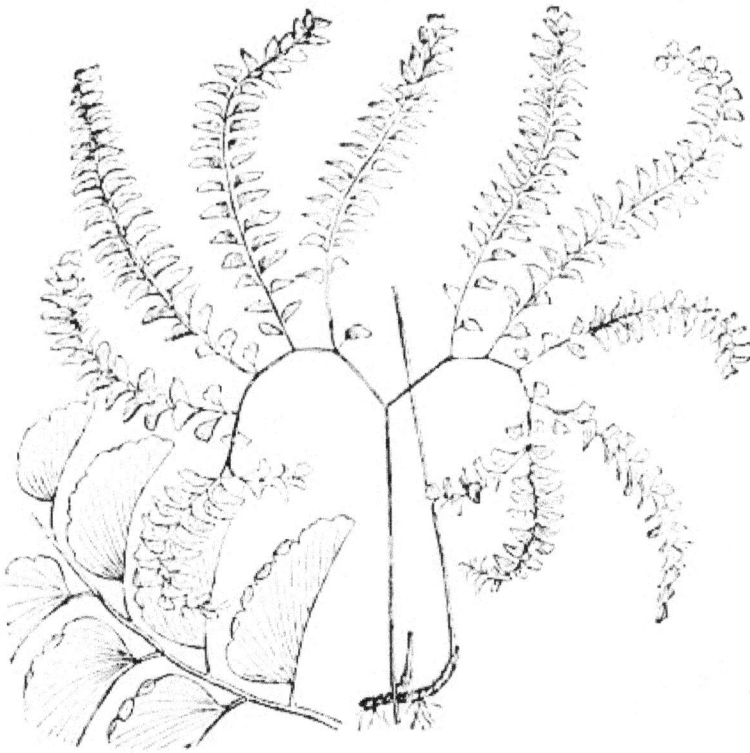

Adiantum pedatum

Die schönste Art ist *Adiantum Farleyense Moore*, eine Gartenform des amerikanischen *Adiantum tenerum Swartz* welche am besten im warmen Zimmer einzeln unter einer Glasglocke kultiviert wird. Schöne Exemplare erreichen bei guter Kultur bis einen halben Meter Durchmesser. [pg 31] Die Wedel dieser Art werden wegen der sehr großen. Fiedern am besten an dünnem steifem Draht festgebunden. Bemerkenswert ist etz, daß man von dieser Form nur sehr selten Fruchtwedel erhält. Ein neuerdings eingeführtes, sehr dankbares Farnkraut ist *Nephrolepis bostoniensis* [8] mit sehr eleganten, langen Wedeln. Vergleiche über Farne auch Gartenbaubibliothek Band 8, Mönkemeyer, die Farne.

Selaginellen

Die Selaginellen, nahe Verwandte der Bärlappe, sind zum größten Teil nur unter Glas zu kultivieren, weil sie vor allem feuchte Luft brauchen.

Selaginella Martensii

Eine Ausnahme macht nur *Selaginella Martensii Spring* aus Brasilien, welche auch frei im Zimmer gehalten werden [pg 32] kann, wenn man sie recht häufig mit dem Zerstäuber benetzt. Alle Selaginellen verlangen eine sehr humusreiche lockere Erde und nicht zu starke Sonne, da sie in derselben rot werden. Im Glaskasten können einzelne zur Rasenbildung verwendet werden, wozu sich besonders schön die amerikanische *Selaginella apus Spring*, ferner

Selaginella denticulata Lk. und die prächtige *Selaginella uncinata Spring* aus China mit hechtblauem Schimmer auf den Blättern, eignen; andere Arten bilden nach Art der schon genannten *Selaginella Martensii Spring* schöne zierliche Büsche, wie *S. Victoria h. Bull.* von den Inseln des Stillen Ozeans. Noch andere Arten endlich, wie *S. erythropus Spring* aus Brasilien klettern und eignen sich zur Bekleidung von Felsen. Eine sehr zierliche Art, welche vor einigen Jahren eingeführt wurde und sich im nicht zu warmen Zimmer ausgezeichnet hält, ist *S. Watsoniana* [2], welche sehr dichte Büschchen bildet, deren Zweigspitzen silberweiß sind. — Die Vermehrung aller Selaginellen gelingt leicht durch Stecklinge, welche meist schnell wurzeln; jedoch lassen sich einzelne, wie *S. uncinata* oft lange Zeit, bis sie zu wachsen beginnen.

Cycadeen

Von den Cycadeen oder Zapfenpalmen eignen sich nur die härteren Arten, wie *Cycas revoluta Thbg.* aus Japan und *Dioon edule Ldl.* aus Mexiko, zur Kultur im Zimmer ohne Schutz, während im Glaskasten auch die anderen Arten gut gedeihen, wenn man ihnen gleichmäßige Bodenwärme geben kann. Man stelle sie hell, aber nicht zu [pg 33] sonnig. Gute, nahrhafte, etwas schwere Erde sagt ihnen am besten zu. Die Anzucht aus Samen ist nicht schwierig, namentlich wenn man etwas Bodenwärme geben kann. *Cycas revoluta* liefert Sago, *Dioon edule* Stärkemehl.

Dioon edule

Nadelhölzer

Unter den Nadelhölzern, welche, so weit sie für die Zimmerkultur in Betracht kommen, sämtlich im Winter einen kühlen Standort von höchstens 6–8° [7–9,5°C] verlangen, ist in neuerer Zeit besonders *Araucaria excelsa R. Br.*[10] von den Norfolk-Inseln wegen ihres überaus regelmäßigen Wuchses sehr beliebt. Man hüte sich, die Pflanze im Winter zu warm und zu naß zu halten, weil sie sonst leicht die Zweige hängen läßt. Ihres schönen Baues wegen steht sie am besten einzeln, aber nicht zu weit vom Fenster ab, weil sie sich sonst leicht schief zieht. Aus diesem [pg 34] Grunde ist sie häufig zu drehen. Auch die japanische *Cryptomeria japonica Don* ist ihres regelmäßigen Wuchses wegen sehr beliebt. Alle Nadelhölzer wollen eine humusreiche Haide- oder Torferde mit etwas Lehm und Sand gemischt und guten Wasserabzug. Vergl. auch Band 28 der Gartenbaubibliothek: Dammer, Nadelhölzer.

Araucaria excelsa

Pandanaceen

Wegen ihrer eigenartigen Blattstellung und ihres eleganten Wuchses sind die **Schraubenbäume** oder *Pandanaceen* von jeher beliebt. Sie sind sämtlich in den Tropen der alten Welt heimisch, gedeihen aber teilweise frei im Zimmer ganz vorzüglich, wenn man ihnen die nötige Pflege zukommen läßt. Dieselbe besteht in reichlicher Bewässerung des gut durchlässigen Erdreiches, [pg 35] Umwickeln der unteren Stammpartie mit Moos, das stets [pg 36] feucht zu halten ist, Begießen mit **warmem** Wasser von etwa 20–25° R. [25–30°C], Reinhalten der Blätter von Staub und Ungeziefer und Bewahren der Wurzeln vor starken Temperaturschwankungen. Die Anzucht geschieht aus Samen, den man etwas warm stellt oder durch Stecklinge, welche bei etwas Bodenwärme leicht Wurzeln bilden.

Pandanus utilis

Am härtesten ist *Pandanus utilis Bory* von Madagascar und Bourbon, der auch mitten im Zimmer sehr gut gedeiht, wenn das Zimmer hell ist. Er gehört zu den edelsten, dekorativsten Pflanzen. Etwas empfindlicher ist der zierliche *Pandanus nitidus Kurz* (auch unter dem Namen *Pandanus graminifolius* verbreitet) aus Java, welcher dichte, reich verzweigte Büsche bildet. Eine prächtige, weiß gestreifte Art ist *Pandanus Veitchi Lem.* von den Inseln des Stillen Ozeans, welche aber viel Licht braucht und auch etwas empfindlicher ist.

Palmen

Unter den Palmen ist eine ganze Anzahl zur Kultur im Zimmer geeignet. Ihr eleganter Wuchs, ihre Widerstandsfähigkeit und ihre verhältnismäßig leichte Kultur machen sie zu bevorzugten Lieblingen des Pflanzenfreundes. Von den etwa 1200 bekannten Arten, welche zum größten Teil in den Tropen Amerikas und Asiens, zum Teil auch in den Tropen und Subtropen der übrigen Kontinente heimisch sind, vereinzelt auch bis in die warmen gemäßigten Zonen vordringen, sind ca. 600 Arten in Kultur. Etwa der vierte Teil dieser letzteren läßt sich frei im Zimmer kultivieren; die übrigen verlangen Glasbedeckung. [pg 37]

Livistona chinensis

Alle Palmen wollen im Zimmer reichlich Licht, wenn auch nicht immer direkte Sonne; im Gegenteil gedeihen nicht wenige an einem sonnenfreien Platze besser als an einem sonnigen Fenster. Ferner brauchen sämtliche Palmen während der Vegetation sehr viel Wasser und reichlich Nahrung. Je nachdem die Wurzeln dick und wenig verzweigt oder dünn und reich verzweigt sind, gebe man den Palmen eine schwere oder eine leichte lockere humusreiche Erde![1]. Palmen aus der gemäßigten Zone [pg 38] und aus den Subtropen wollen im Winter kühl bei 4–8° R. [5–10°C] stehen. Wohnzimmertemperatur schwächt diese Arten, sie werden davon dünnblättrig und kränkeln leicht. Am empfindlichsten sind die Palmen an den Wurzeln. Wenn irgend möglich, stelle man sie deshalb in einen Doppeltopf und fülle den Zwischenraum zwischen beiden Töpfen mit einem schlechten Wärmeleiter, wie Sägespänen, Torfmull etc. aus. Obgleich die Palmen während der Vegetationsperiode viel Wasser brauchen, darf die Erde doch nicht schlammig werden. Durch eine reichliche Scherbenunterlage muß also für guten Wasserabzug gesorgt werden. Palmen mit dicken Wurzeln, welche gern tief in die Erde eindringen, gibt man vorteilhaft Töpfe, welche noch einmal so lang wie breit sind. Beim Verpflanzen bringe man die Palmen mit Ausnahme der *Kentia* und *Sabal*-Arten, welche schräg abwärts in den Boden wachsen, mit der Stammbasis bis auf die Erde. Palmenwurzeln, welche über der Erde stehen, sind in Moos einzuhüllen, welches beständig feucht zu halten ist. Die Vermehrung der Palmen erfolgt aus Samen, welche in Torfmull gleichmäßig feucht und warm zu halten sind. Die Samen liegen manchmal Monate lang, bis sie keimen, deshalb ist Anzucht aus angekeimten Samen vorzuziehen. Viele Palmen sind sehr empfindlich gegen frühzeitige Krümmung der Hauptwurzel. Man stecke die Samen deshalb in recht tiefe Töpfe. Ausführliche Anleitung zur Anzucht und Pflege der Palmen mit Aufzählung der meisten in Kultur befindlichen Arten, findet man in meinem Werke: Palmenzucht und Palmenpflege, Verlag von Trowitzsch und Sohn, Frankfurt a. O.

[pg 39]

Livistona australis

Je nach der Gestalt der Blätter, welche bei den Palmen wie
bei den Farnen und Cycadeen Wedel genannt werden,
unterscheidet man zwischen Fächer- und Fiederpalmen. In
der Jugend ist dieser Unterschied meist nicht ausgeprägt, die
jungen Blätter heißen deshalb Blätter, ausgebildete Wedel,
auch charakterisierte Blätter oder Wedel. Unter den
Fächerpalmen ist *Livistona chinensis R. Br.* aus China, die
verbreitetste Art. Sie geht auch unter dem Namen *Latania
borbonica* oder *Latania chinensis*. Die großen Fächer sind tief

eingeschnitten, stehen auf langen, wehrlosen Stielen, welche sich frühzeitig ziemlich flach legen, so daß die Pflanze bald einen großen Umfang erreicht. Schöner ist die mehr aufrecht wachsende *Livistona rotundifolia Mart.* aus Java und Celebes, deren Wedel kreisförmig sind und in auf aufrechten, bestachelten Blattstielen stehen. Ähnlich dieser sind *Livistona oliviformis Mart.*[12] aus Java, *Livistona altissima Zoll*[13] aus Java und *Livistona Hoogendorpi Teism.*[14] aus Java, letztere mit besonders großen, breiten Stacheln an den Blattstielen. Alle sind gut im gewöhnlichen Wohnzimmer zu halten. *Livistona australis Mart.*, auch *Corypha australis* genannt, aus Australien, ist besonders schön, aber etwas schwieriger in der Kultur. Fächerpalmen für kühle Uberwinterungsräume sind die *Chamaerops* und *Trachycarpus*-Arten. Sie bilden schnell ansehnliche Pflanzen, die sich namentlich in reinem Lehm sehr kräftig entwickeln.

Trachycarpus excelsa

Ebenfalls für kühle Uberwinterungsräume geeignet sind *Pritchardia robusta*[15], *filifera*[16] und *Sonorae*[17], von denen namentlich die zuletztgenannte Art durch ihre langen, krausen Fäden an den Wedeln, besonders [pg 40] auffallend ist. Im kühlen hellen Zimmer ist endlich [pg 41] noch die prächtige blaugrüne *Erythea armata Wats.*[18], auch *Brahea Roezli* genannt, aus Nordmexiko und Californien, zu überwintern. Eine sehr dankbare Zimmerpalme, die frühzeitig einen dünnen Stamm bildet, ist *Rhapis flabelliformis l'Hérit.*[19] aus China und Japan, deren Fächerwedel auf langen, dünnen Stielen stehen. Die Fächer sind unregelmäßig in breite, vorn gezähnte oder gespaltene Stücke handförmig gespalten. Diese schöne Art wächst auch an weniger hellen Stellen gut. Sie verzweigt [pg 42] sich frühzeitig von unten und bildet später dichte Büsche.

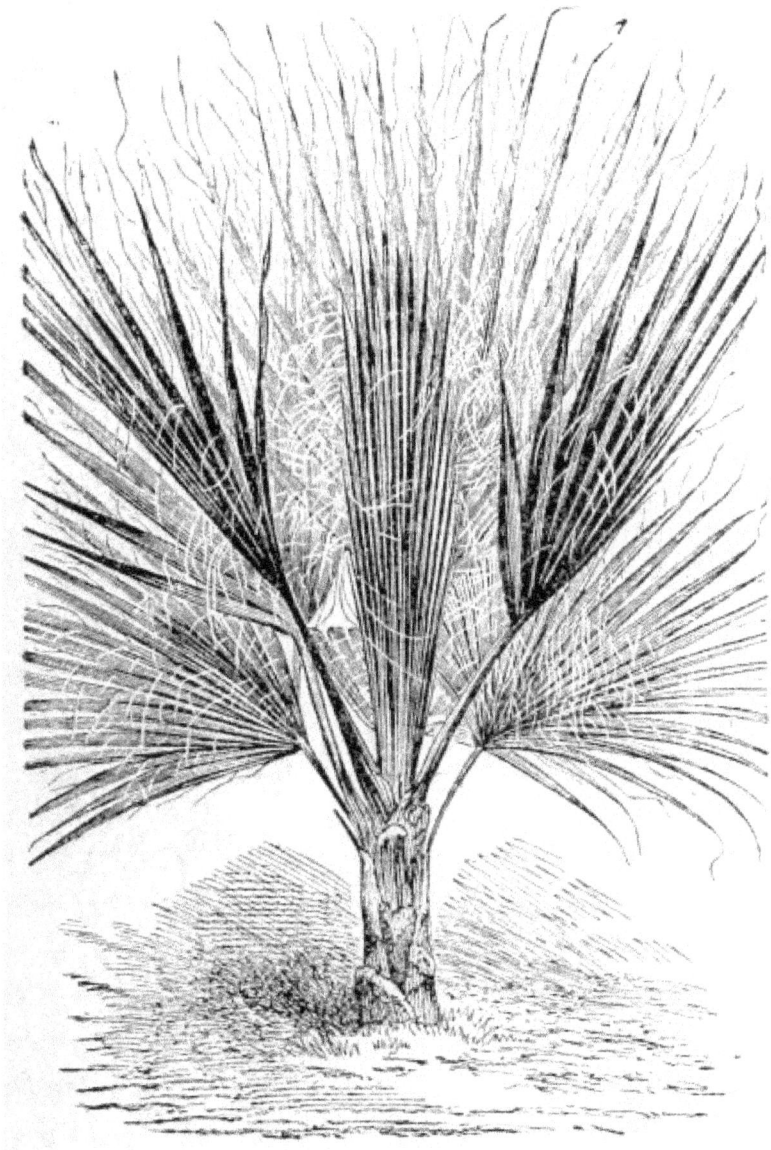

Pritchardia filifera

Unter den **Fiederpalmen** nahmen früher die Verwandten der **Dattelpalme**, die *Phönix*-Arten den ersten Platz ein. Sie sind sehr zierlich, sehr dankbar, verlangen meist eine schwere Erde. Um sie in großer Vollkommenheit zu haben, ist es nötig, sie während des Winters kühl zu halten. In neuerer Zeit werden sie von anderen Fiederpalmen, welche meist unter dem Namen *Kentia* oder [pg 43] *Areca* gehen, verdrängt.

Pritchardia Sonorae

Von den echten *Kentia*-Arten ist *Kentia Mac Arthuri hort. Bogor.*[20] die härteste Art, leicht zu erkennen an den vorn gezähnelten Fiedern. Sie verzweigt sich frühzeitig und wächst nicht sehr schnell. Sie gedeiht sowohl frei im

Wohnzimmer, als auch in etwas kühleren Räumen, will aber hell stehen. Nahe verwandt mit dieser Art sind die beiden *Rhopalostylis*-Arten: *Rhopalostylis Baueri Wendl. et Dr.*, auch als *Areca Baueri Kentia Baueri* und *Seaforthia robusta* im Handel), welche auf den Norfolk-Inseln heimisch ist, und *R. sapida Dr.* (auch ale *Kentia Sapida* und *Areca Sapida* im Handel) aus Neu-Seeland, die am weitesten nach Süden (38° s. Br.) in der alten Welt vordringende Palme, welche [pg 44] in ihrer Heimat ohne Schaden Frost und Schnee verträgt. Beide Arten sind sehr schnellwüchsig und ausgezeichnet durch einen braunen schilfrigen Überzug der Blattstiele. Die Fiedern der ersteren Art sind breiter und stehen mehr horizontal ab, während diejenigen der zweiten Art mehr aufwärts gerichtet sind.

Rhapis flabelliformis

In diese Verwandtschaftsgruppe gehört endlich noch
Hedyscepe Canterburyana Wendl. et Drude (auch als *Kentia
Canterburyana* im Handel) von der Lord Howe-Insel, eine
sehr gedrungen wachsende Palme von prächtigem Habitus.
Zu den Kentien werden ferner häufig die beiden *Howea-* oder
Grisebachia-Arten, *Howea Belmoreana Becc.* und *Howea
Forsteriana Becc.* gerechnet, welche beide auf der Lord Howe-
Insel zu Hause sind. Beide sind sehr schnellwüchsig und
erreichen [pg 45] schon in wenigen Jahren sehr bedeutende
Dimensionen. Die zierlichere ist *H. Forsteriana* welche auch

58

schneller wächst. —

Phoenix reclinata

Alle unter dem Sammelnamen *Kentia* vereinigten Palmen
wollen eine lockere, sehr nahrhafte Erde, während der
Vegetationsperiode reichlich Wasser und infolgedessen [pg
46] einen sehr guten Wasserabzug. Im Winter stellt man sie
am besten etwas kühl, doch vertragen sie auch ganz gut die
Temperatur des geheizten Wohnzimmers. Größere Pflanzen
stellt man am besten frei auf Einzelständer.

Rhopalostylis Baueri

Zwei harte Fiederpalmen, die ebenfalls durch schnellen Wuchs und eleganten Habitus ausgezeichnet sind, sind *Archontophoenix Alexandrae W. et Dr.* und *A. Cunninghami W. et Dr.*[21], erstere auch unter dem Namen *Ptychosperma Alexandrae*, letztere unter dem Namens *Seaforthia elegans* im Handel, beide aus Neuseeland. Die letztere Art ist an den

61

braunpunktierten Wedelstielen [pg 47] und Blattscheiden
leicht zu erkennen. Sie wollen etwas schweren Boden und
im Winter nicht zu warm stehen.

Hedyscepe Canterburyana

Sehr beliebt und mit vollem Rechte sind neuerdings wieder
die *Chamaedorea*-Arten, weil sie meist sehr widerstandsfähig
sind, trockene Zimmerluft gut vertragen und auch mit
einem sonnenlosen Standorte zufrieden sind. Direktes
Sonnenlicht ist ihnen geradezu schädlich. Während des
Winters können sie ebensowohl kühl (6–8° [7–9,5°C]) als
auch warm gehalten werden. Um sie zu voller Schönheit zu
bringen und darin zu erhalten, ist es nötig, daß man ihnen
eine sehr nahrhafte lockere humose Erde und während der
Vegetation reichlich Wasser gibt. Sie bilden meist sehr

frühzeitig einen schlanken Stamm, der bei den meisten Arten keine großen Dimensionen erreicht. Nur *Chamaedorea desmoncoides Wendl.*[22] aus Mexiko wird selbst im Zimmer sehr hoch. Sie ist eine echte Palmliane und ihr dünner [pg 48] Stamm läßt sich deshalb leicht guirlandenartig ziehen.

Chamaedorea elegans

Alle *Chamaedoreen* blühen, wenn sie einen Stamm gebildet haben, auch im Zimmer leicht. Wenn man männliche und weibliche Exemplare hat, so kann man mit Leichtigkeit auch im Zimmer Früchte erzielen. Die Wedel der *Chamaedoreen* sind meist gefiedert; bei einigen Arten, wie *Ch. Ernesti Augusti Wendl.*[23] und *Ch. geonomiformis Wendl.* teilt sich aber die Wedelfläche nicht. Von besonderer Schönheit ist die feinfiederige *Ch. glaucifolia Wendl.*, deren Fiedern truppweise zusammen stehen.

Cocos Weddelliana

Zum Teil sehr harte, widerstandsfähige Fiederpalmen sind die *Cocos*-Arten, von denen verschiedene ausgezeichnet für die [pg 49] Kultur im Zimmer geeignet sind. Die häufigste Art ist die zierliche *Cocos Weddelliana Wendl.*[24] aus Brasilien, welche schon als ganz junge Pflanze durch ihre überaus feine Fiederung auffällt. Sie will sehr durchlässigen Boden haben, weshalb man die Erde vorteilhaft reichlich mit kleinen Ziegelsteinbrocken mischt. Ihr Stand ist im geheizten Wohnzimmer, hell aber nicht sonnig. Im Gegensatz zu dieser kleinen Art steht *Cocos australis Mart.*[25] aus Süd-Brasilien und Paraguay, welche ausgezeichnet blaugrün und sehr hart ist. Ihre Wedel gehören zu den elegantesten des ganzen Palmenreiches. Im Winter will diese Art durchaus kühler stehen. Eine ebenfalls sehr empfehlenswerte Art ist *Cocos Datil Gr. et Dr.*[26] aus [pg 50] Argentinien, welche als Samenpflanze schnell große Dimensionen erreicht. Die ersten Wedel sind noch einfach, der Länge nach gefaltet. Dann folgen aber bald Fiederwedel mit langen schmalen Fiedern. Auch diese Art will im Winter kühl stehen. Vergleiche auch Band 32 der Gartenbaubibliothek: Dammer, Palmen.

Araceen

Aus der großen Familie der *Araceen*, welche hauptsächlich in den Tropen heimisch ist, sind einige Arten sehr beliebte, weil äußerst widerstandsfähige Zimmerblattpflanzen. Wem ein heizbarer Glaskasten zur Verfügung steht, der findet ferner unter den *Araceen* die am schönsten gefärbten Blattpflanzen, die *Caladien*, die an Farbenpracht von keiner anderen Familie übertroffen werden.

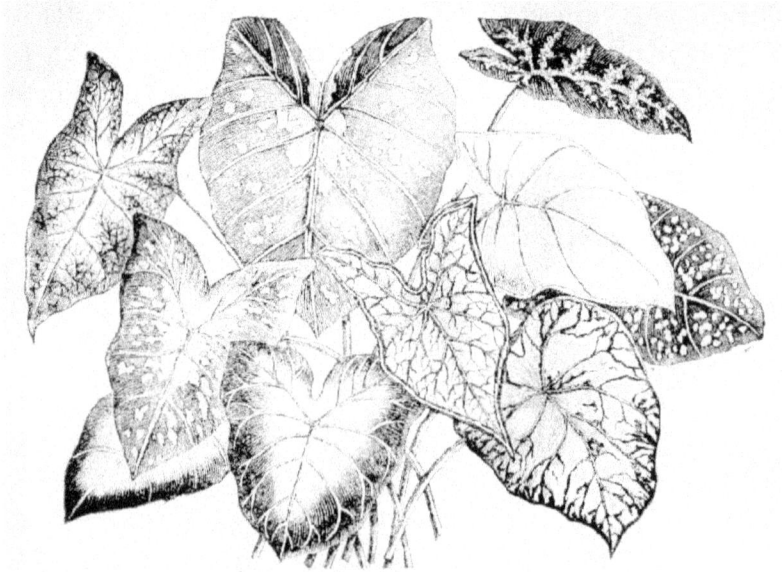

Buntblättrige Caladien

Alle *Araceen* wollen zu ihrem guten Gedeihen einen lockeren, nahrhaften Boden und, da sie flach wurzeln, ziemlich weite Gefäße haben. Bei reichlicher Ernährung, die nicht leicht zu reichlich sein kann, entwickeln sie sich außerordentlich schnell und bilden dann zum Teil riesige Blätter. Ein Gemisch von sandiger Lauberde und Kuhmist fördert sie sehr im Wachstum. Viele Arten bilden lange Luftwurzeln, welche man am besten in die Erde leitet, wo sie sich schnell verzweigen und zur Ernährung der Pflanze beitragen. Besonders wertvoll sind die *Araceen* dadurch für die Zimmerkultur, daß sie auch mit einem ziemlich dunklen Standorte vorlieb nehmen und keine Sonne brauchen. In sonnenlosen Zimmern entwickeln sie sich fast noch besser als in sonnigen Zimmern. Als Tropenbewohner hält man sie [pg 51] [pg 52] am besten im geheizten Wohnzimmer, doch vertragen sie auch einen kühleren Standort.

Caladium Argyrites

Die verbreitetste Art ist *Monstera deliciosa Liebm.* aus Guatemala, meist unter dem Namen *Philodendron pertusum* verbreitet. Ihre Blätter sind derb lederartig, in der Jugend einfach, später lappig und an größeren Exemplaren mit zahlreichen, verschieden großen Löchern versehen. Die Pflanze ist außerordentlich widerstandsfähig und wächst bei reichlicher Ernährung riesig. Am besten gibt man ihr einen Platz, von dem sie nicht wieder entfernt zu werden braucht. Aus der Gattung *Philodendron* ist *Philodendron bipinnatifidum* [pg 53] [pg 54] *Schott* aus Brasilien besonders empfehlenswert. Es bleibt niedriger als die vorige Art, bildet aber noch größere Blätter, welche doppelt fiederschnittig sind.

Monstera deliciosa

Philodendron bipinnatifidum

Empfindlicher sind die *Dieffenbachia*-Arten, welche durch buntgefärbte Blätter ausgezeichnet sind. Auch die *Anthurium*-Arten, unter denen sich wahre Kleinode befinden, erfordern größere Aufmerksamkeit und zu voller Entwickelung feuchte Luft. Man hält sie deshalb am besten unter Glas. Einige Arten der letzteren Gattung sind auch als Blütenpflanzen sehr wertvoll.

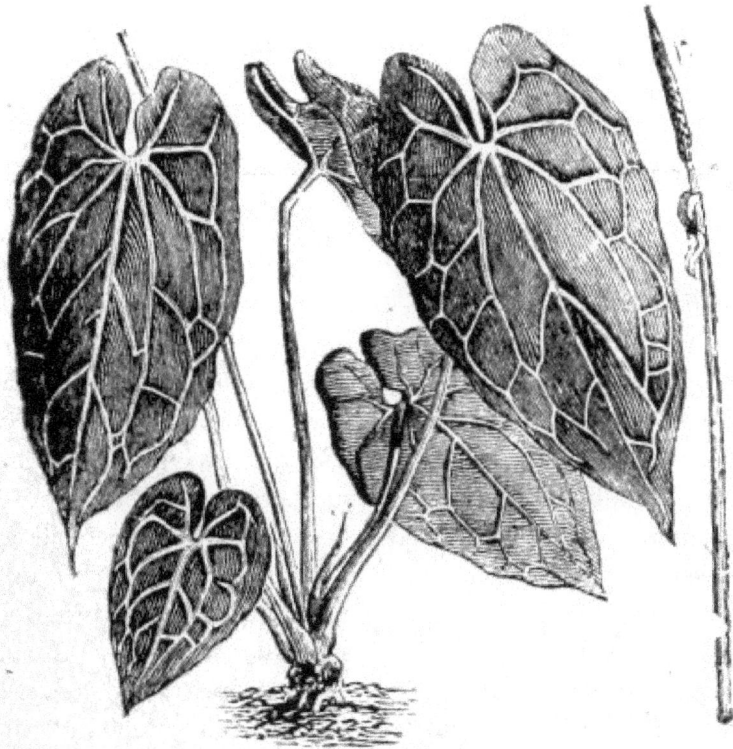

Anthurium crystallinum

Bromeliaceen

Die *Bromeliaceen* sind zum größten Teil Epiphyten, welche sich wie unsere Moose auf Bäumen ansiedeln und hier mit wenig Nahrung sich begnügen. Sie gedeihen aber [pg 55] eben so gut in Töpfen, in einer recht humusreichen Erde. Gegen Trockenheit der Luft sind sie meist wenig empfindlich und, deshalb im Zimmer gut zu halten. Es ist aber nötig, daß man sie hin und wieder besprengt, damit sich etwas Wasser in den Winkeln der rinnenförmigen Blätter ansammelt. Obgleich noch wenig in Kultur, sollten sie doch häufiger gepflegt werden, weil sie in der Mehrzahl der Falle auch dankbare Blüher sind. Die Vermehrung geschieht leicht aus Samen und durch Teilung. Empfehlenswert sind die Arten der Gattungen *Billbergia*, *Aechmea*, *Nidularium* und *Pitcairnia*. Die echte Ananas, welche ebenfalls hierher gehört, läßt sich nicht oder nur schwer im Zimmer kultivieren. Man stelle die Bromeliaceen möglichst hell im geheizten Wohnzimmer auf.

Nidularium

[pg 56]

Commelinaceae

Um einen Blumentisch mit Hängepflanzen zu bekleiden oder an einer Stelle im Zimmer, wo sonst nichts wächst, eine Ampel mit lebenden Pflanzen anzubringen, ist keine Pflanze geeigneter, als die in diese Familie gehörige *Tradescantia floribunda Kth.*[27], welche von Mexiko bis Paraguay verbreitet ist. Sie wird hier zwar nicht schöner, aber sie hält sich doch grün und wächst. Die Blätter werden zwar kleiner und kleiner, aber schließlich schadet auch das nichts, denn einige Zweigstücke, in einen anderen Topf mit guter Erde gesteckt, sind in wenigen Tagen wieder bewurzelt und treiben von neuem. Wirklich schön erhält man diese Pflanze, wenn man sie reichlich ernährt, reichlich gießt, häufig besprengt und ihr einen halbschattigen Stand gibt. Schöner, aber nicht vollständig so hart ist die *Zebrina pendula Schnitzlein* aus Mexiko, auch *Tradescantia zebrina* genannt, welche breite silberweiße, glänzende Längsstreifen auf den Blättern hat. Am schönsten ist eine Varietät derselben, *quadricolor*, rot und reinweiß gestreift, welche ihre schöne Farbe aber nur dann erhält, wenn man sie ganz dicht am Glase in voller Sonne hält und durch reichliches Spritzen für feuchte Luft sorgt.

Liliaceae

Nächst den Palmen liefern die *Liliaceen* die meisten harten Zimmerblattpflanzen. In erster Linie sind es *Dracaenen*, *Cordylinen* und deren Verwandte, Pflanzen [pg 57] mit mehr oder weniger großem, meist einfachem Stamme, der eine Blätterkrone trägt. Im Gegensatz zu den echten Palmen sind diese Blätter aber stets ganz einfach, mehr oder minder bandförmig, bald breiter, bald schmäler. Der Volksmund nennt diese Pflanzen aber ebenfalls sehr häufig »Palmen«. Dann liefert uns die Familie der *Liliaceen* die härteste Zimmerpflanze, die es überhaupt gibt, welche auch der Ungeübteste mit Erfolg kultivieren kann, die *Aspidistra elatior*, meist untere dem Namen *Plectogyne* bekannt. In neuerer Zeit sind hierzu noch eine Anzahl Verwandte unseres Spargel gekommen, welche als Kletter- und Hängepflanzen von großem Werte sind. Daß uns die *Liliaceen* auch sehr viel schöne Blütenpflanzen liefern, ist bekannt. Die Kultur der *Liliaceen* ist verschieden. Wir werden bei den einzelnen Arten auf dieselbe näher eingehen.

Chlorophytum comosum Baker, bekannter unter dem Namen *Chl. Sternbergianum* ist eine prächtige Hängepflanze vom Kap der guten Hoffnung. Ihre langen, scharf zugespitzten, graziös zurückgebogenen hellgrünen Blätter bilden einen großen Busch, aus dem zahlreiche Ausläufer hervortreten, welche wieder mit Blattbüscheln besetzt sind. Diese Büschel treiben zeitig Wurzeln in die Luft und können zur Vermehrung verwendet werden. Will man die Pflanzen sehr schön haben, so weist man ihnen einen hellen hohen Stand an, auf welchem sie lange Zeit ungestört stehen bleiben können. Man gibt ihnen ferner einen großen mit Lehm gefüllten Topf, in dem sich die dicken fleischigen Wurzeln mächtig entwickeln. Die Ausläufer läßt man an den Pflanzen. Im Sommer muß reichlich [pg 58] bewässert; werden; im Winter kann man ganz mit dem Gießen aufhören, wenn man die Pflanzen sehr kühl stellt; die Blätter sterben dann ab. Im geheizten Wohnzimmer muß man gießen. Fast noch schöner ist die weißgestreifte Form. Eine besondere Zierde bilden die großen Blütenstände, die man nach dem Verblühen nicht abschneidet, da sich auch an ihnen junge Pflanzen entwickeln.

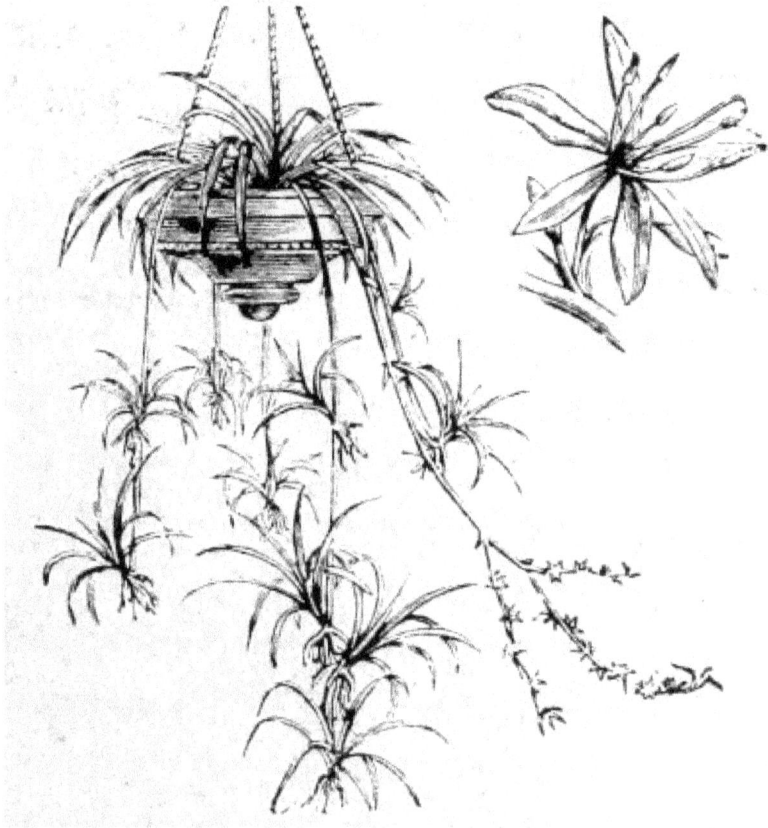

Chlorophytum comosum

Yucca. Sehr dekorative Pflanzen sind die Palmlilien oder *Yucca*-Arten aus Nord- und Mittelamerika. Sie haben nur einen Fehler, man kann sie durchaus nicht im geheizten Zimmer halten. Gibt man ihnen dagegen im Winter einen Platz im hellen, kühlen, frostfreien Keller, Korridor etc., so sind sie äußerst dankbare Gewächse. Ihre sehr derben blaugrünen, scharfrandigen, stechend spitzen Blätter [pg 59] bilden dichte schöne Kronen. Man gibt ihnen eine schwere nahrhafte, lehmhaltige Erde, im Sommer reichlich, im

Winter sehr spärlich Wasser und während der Vegetationszeit einen möglichst sonnigen Platz, möglichst am Fenster. Die bekannteste Art ist *Yucca recurva Salisb.*[28] aus Georgia. Sehr verbreitet ist auch *Yucca aloeifolia L.*[29], aus den Südstaaten von Nordamerika, von der eine prächtige bunte Varietät, *Yucca aloeifolia quadricolor* mit gelben und roten Streifen auf den Blättern, im Handel ist. Die Vermehrung aller *Yucca*-Arten gelingt leicht durch Abnehmen der Nebensprosse.

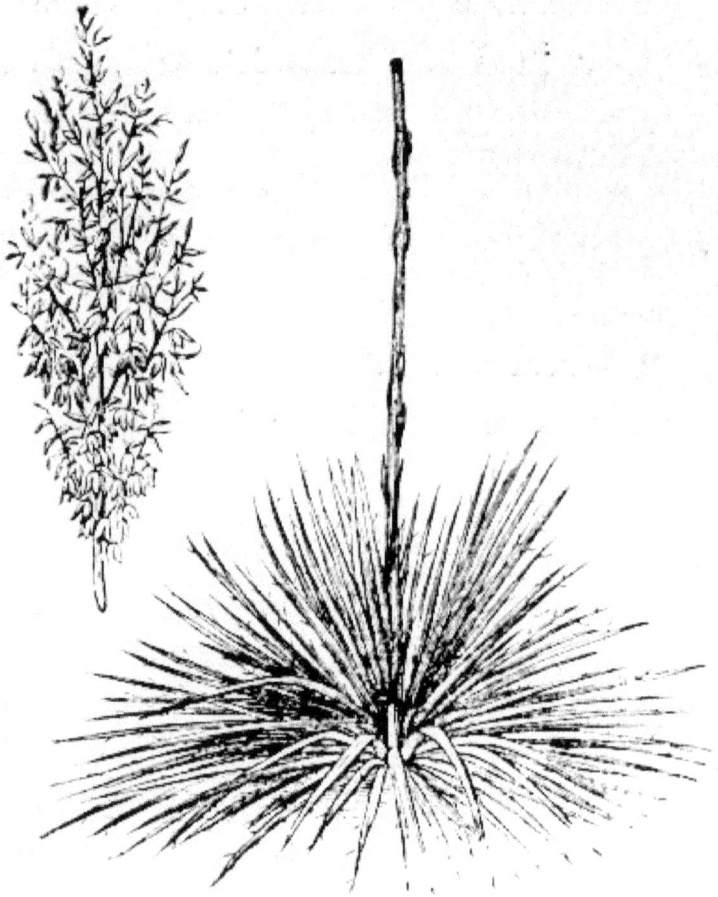

Yucca

[pg 60]
Cordyline. Von den Arten dieser Gattung, welche zum
größten Teile in den wärmeren Gegenden der alten Welt
heimisch ist, befinden sich verschiedene in Kultur, meist
unter dem Namen *Dracaena.* Von der Gattung *Dracaena* ist
die Gattung *Cordyline* botanisch dadurch unterschieden, daß
die drei Fächer der Frucht zahlreiche Samen enthalten,

während sich in jedem der drei Fruchtfächer von *Dracaena* nur ein Same befindet. Da diese Pflanzen bei uns selten blühen, der Habitus der Arten beider Gattungen aber sehr ähnlich ist, so würde es schwierig sein, von fruchtlosen Exemplaren zu sagen, ob sie zu der einen oder anderen Gattung gehören. Glücklicherweise besitzen wir aber in den unterirdischen Teilen dieser Pflanzen ein leicht erkennbares Unterscheidungsmerkmal: die Arten von *Cordyline* haben dünne, weiße Wurzeln und machen dicke Ausläufer, die Arten von *Dracaena* haben dicke gelbe Wurzeln und bilden keine Ausläufer. Den *Cordylinen* geben wir wegen ihrer dünneren Wurzel eine humusreichere, lockerere Erde, den *Dracaenen* eine schwerere, lehmhaltigere Erde. Im Zimmer lassen sich die grünen *Cordylinen* leicht halten, wenn man sie während des Sommers reichlich begießt und nährt und während des Winters nicht zu warm hält. Die rotblätterigen Arten sind empfindlicher, sie verlangen meist feuchtere Luft, müssen deshalb häufig mit warmem Wasser mit einem Zerstäuber besprengt werden. Im Winter bringt man sie ins geheizte Wohnzimmer. Zu den ersteren Arten gehörten *Cordyline australis Kth.* aus Neuholland, *Cordyline indivisa Kunth* aus Neuseeland und *Cordyline congesta Sweet* aus Java.

[pg 61]

Cordyline australis

[pg 62] Unter den rotblätterigen Arten sind *Cordyline*

terminalis Ldl.[30] aus China, *Cordyline ferrea L.*[31] ebendaher und *Cordyline ignea hort.* besonders hervorzuheben.

Dracaena Rothiana

Dracaena. Die Unterschiede von *Cordyline* wurden bereits

oben angegeben. Die Kultur ist nicht schwierig, nur die buntblättrigen, wie *D. Goldieana h. Bull.* aus dem südlichen tropischen Afrika verlangen feuchte Luft. Eine der beliebtesten Arten ist die breitblättrige *Dracaena fragrans Gawl.* aus Guinea, die von der *Dr. Rothiana*[32] von den Komoren, mit der sie viel Ähnlichkeit hat, noch an Schönheit übertroffen wird. Man hält beide [pg 63] im geheizten Wohnzimmer, wo sie viel Wasser und Nahrung, aber nicht direkte Sonne haben wollen. Eine ebenfalls breitblättrige Art, die aber etwas steif wächst, ist *D. cannaefolia R. Br.*[33] aus dem tropischen Amerika. Bei guter, ausmerksamer Pflege entwickelt sie sich zu Prachtexemplaren. Sehr zierlich ist *Dr. marginata Lem.*[34] aus Madagaskar, mit schmalen, linealen, rotgeränderten Blättern. Es scheint hiervon zwei Formen zu geben, von denen die graziösere mit zurückgeneigten Blättern leider vollständig verschwunden zu sein scheint. Jetzt sieht man nur noch die Form mit horizontal abstehenden breiteren Blättern.

Asparagus Sprengeri

Asparagus. Von den Spargelarten eignet sich *Asparagus Sprengeri* ganz besonders zur Kultur als Ampelpflanze im Zimmer. Gibt man ihm eine große [pg 64] flache Schale und nahrhafte schwere Erde, so entwickelt er sich in verhältnismäßig kurzer Zeit zu sehr stattlichen Exemplaren. Im Winter hält man ihn etwas kühler und trockener.

Aspidistra elatior

Aspidistra. Die japanische *Aspidistra elatior Bl.,* auch *Plectogyne variegata* genannt, gehört zu den härtesten Zimmerpflanzen, die es überhaupt gibt. Sie ist sehr anspruchlos, gedeiht selbst noch an ziemlich dunklen Stellen und verträgt es auch, wenn sie einmal trocken wird. Sie wächst ebensowohl im geheizten Wohnzimmer, wie im kühlen frostfreien Treppenhause. Will man sie schön haben, so gebe man ihr recht nahrhafte Erde und reichlich Wasser und halte die Blätter frei von Staub und Ungeziefer. Dann bildet sie große Büsche sattgrüner [pg 65] Blätter. Sehr hübsch ist auch eine weißgestreifte Form, die aber im warmen Zimmer gehalten werden muß.

Curculigo recurvata

Amaryllidaceae

Von den Liliaceen sind die Amaryllidaceen durch den unterständigen Fruchtknoten unterschieden, im übrigen aber zeigen sie soviel Ähnlichkeit mit den Liliaceen, daß es nicht ganz leicht ist, von blütenlosen Exemplaren anzugeben, zu welcher von beiden Familien sie gehören. Wie die Liliaceen liefern uns auch die Amaryllidaceen hauptsächlich Blütenpflanzen. Sodann gehören hierher eine Anzahl Succulenten- wie *Agaven*, entsprechend den *Aloë*-Arten der Liliaceen. Als Blattpflanze kommt nur [pg 66] *Curculigo recurvata Dryander*[35]aus dem tropischen Südostasien und Nordaustralien in Betracht, welche mit ihren großen, längs gefalteten Blättern sehr an gewisse Palmen im Jugendzustande, z. B. an *Cocos Datil* erinnert. In einer leichten, lockeren, jedoch nahrhaften Erde entwickelt sie sich bei reichlicher Bewässerung sehr schnell, verträgt aber nicht viel Sonne. Im Winter kann man sie an irgend eine Stelle im geheizten Wohnzimmer stellen. Die Vermehrung gelingt leicht durch Seitensprosse, welche sich an älteren Exemplaren reichlich bilden.

Musaceae

Von den Bananen und ihren Verwandten kann man einzelne Arten im geheizten Wohnzimmer leicht halten, so lange sie noch jung sind. Ältere Pflanzen mit riesigen Blättern werden für Wohnräume meist zu hoch. Alles sind echte Tropenbewohner, die im geheizten Wohnzimmer gehalten werden müssen, wo man ihnen einen hellen Standort gibt. Die Gefäße, in denen man sie kultiviert, sollen mehr breit als tief sein und eine recht nahrhafte Erde enthalten; für guten Wasserabzug ist unbedingt zu sorgen. Die Anzucht geschieht aus Samen oder durch Seitensprosse. Von den echten Bananen sind im Zimmer zu halten: *Musa Cavendishi Hook.*[36] aus China, welche nur 1½ m hoch wird und sehr wohlschmeckende Früchte liefert, *Musa zebrina van Houtte*[37] mit braungefleckten Blättern und *Musa rosacea Jacq.* aus Ostindien mit verhältnismäßig langen, schmalen Blättern auf zierlichem Stamme.

[pg 67]

Musa rosacea

Marantaceae

Neben den *Caladien* (s. S. 50) liefern uns die *Marantaceen* die schönstgefärbten und gezeichneten Blattpflanzen. Sie sind fast ausschließlich Tropenbewohner und hauptsächlich Amerikas, wachsen an feuchten Standorten und sind deshalb zum größten Teile nur schwer frei im Zimmer zu halten. Kann man ihnen jedoch einen Platz im Glaskasten geben, so entwickeln sie sich ganz ausgezeichnet. Der Kasten steht am besten an einem recht sonnigen Fenster, wird aber durch dünne Leinwand gegen direkte Besonnung geschützt. Kann man den Kasten heizen und auf 18–20° R. [21,5–24°C] gleichmäßig halten, so ist es um so besser. Als Erde gibt man eine recht humusreiche [pg 68] lockere Erde, der man reichlich groben, gewaschenen Sand zusetzt. Ein wiederholter Dungguß tut gute Dienste. Frei im Zimmer halten sich nur *Maranta bicolor Ker.*[38] aus Brasilien mit rundlichen, graugrünen, dunkelgefleckten, unterseits purpurvioletten Blättern, *Stromanthe Sanguinea Sond.*[39] aus dem tropischen Amerika mit länglichen, oben glänzend dunkelgrünen, unterseits blutroten Blättern, *Calathea zebrina Lindl.* aus Brasilien mit fast 1 m langen, oberseits hellgrün und dunkelgrün gestreiften, unterseits rötlichgrünen Blättern und *Maranta Lietzei Morren* aus Brasilien mit kleineren, der vorigen Art ähnlichen Blättern.

Piperaceae

Von den Pfefferpflanzen sind zwei reizende *Peperomia*-Arten frei im geheizten Zimmer leicht zu halten, wenn man ihnen einen warmen halbdunklen Standort anweist und ihnen eine sandige Lauberde gibt. Hier entwickeln sie ihre dickfleischigen, gestielten, eiförmigen, sehr schön gezeichneten Blätter sehr schnell. Im Glaskasten können auch andere *Peperomia*-Arten und die echte Pfefferpflanze, ein Schlinggewächs, leicht kultiviert werden. Die beiden *Peperomia*-Arten für das Zimmer sind: *P. marmorata Hook.* aus Südbrasilien und *P. ariaefolia Miq. var. argyraea*, auch als *P. argyraea*[40] im Handel. Die Vermehrung gelingt leicht durch Blattstecklinge unter Glas. Für Glaskästen sei besonders die reizende *Peperomia resedaeflora*[41], welche dankbar blüht, empfohlen.

[pg 69]

94

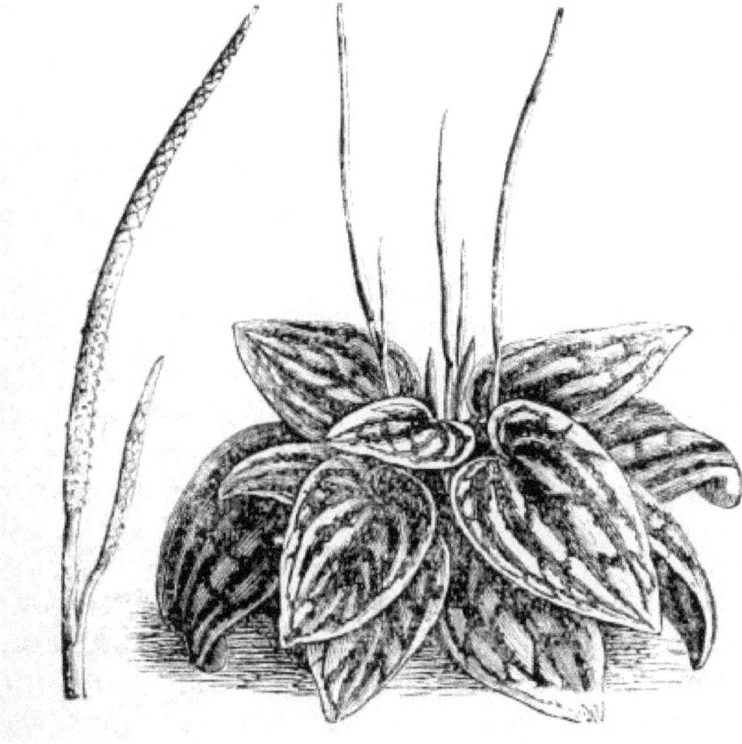

Peperomia marmorata

Moraceae

Aus der Verwandtschaft des Maulbeerbaumes und des Feigenbaumes liefert uns die Gattung *Ficus* zwei dankbare, sehr beliebte und verbreitete Zimmerpflanzen, den Gummibaum, *Ficus elastica Roxb.* aus Ostindien und die **Kletterfeige**, *Ficus stipulata Thbg.*[42], eine reizende Hängepflanze. Der Gummibaum ist zu bekannt, als daß er beschrieben zu werden brauchte. Er will eine sehr nahrhafte, humusreiche Erde und wahrend der Vegetation sehr reichlich Wasser haben. Sowie er kleinere Blätter bildet, muß er sofort, mit möglichster Schonung des Wurzelballens, verpflanzt werden. Die Blätter sind recht häufig mit warmem Wasser abzuwaschen und zu besprengen. Die Kletterfeige will dieselbe Erde. Sie hat kleine, eiförmige [pg 70] sitzende Blättchen von der Größe eines Zweipfennigstückes, welche an sehr dünnen Zweigen sitzen. Häufiges Besprengen ist auch hier gut.

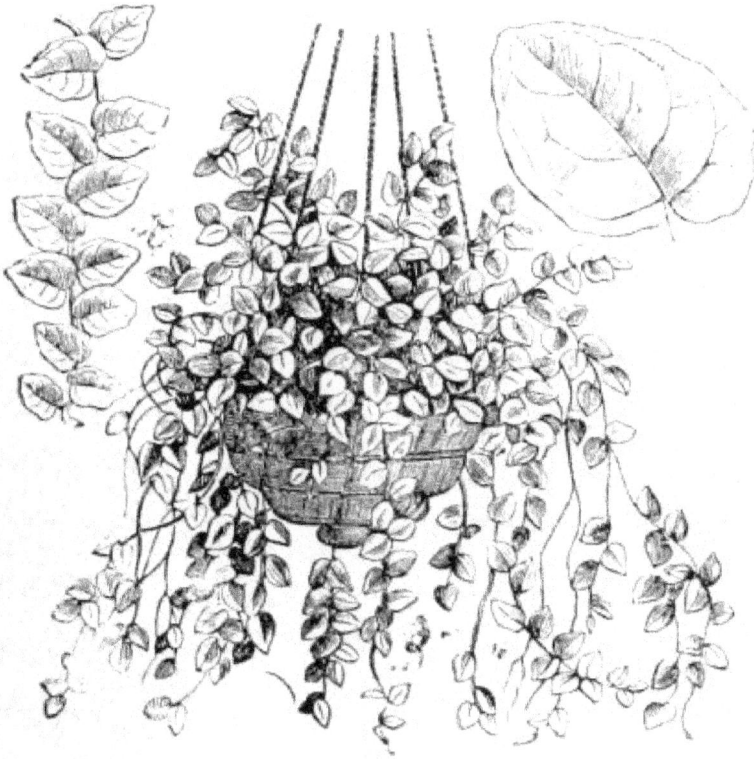

Ficus stipulata

Celastraceae

Aus dieser Familie ist der japanische Spindelbaum, *Evonymus japonica Thunb.*[43], in verschiedenen Formen mit grünen, weiß- oder gelbgestreiften Blättern, eine der härtesten Blattpflanzen, welche aber während der Wintermonate durchaus kühl, aber frostfrei, gehalten werden muß. Im übrigen lassen sich diese Pflanzen so ziemlich alles gefallen. Ihres dicht buschigen Wuchses wegen kann man sie vielfach verwenden. Gibt man ihnen eine recht nahrhafte Erde und reichlich Wasser während des Sommers, [pg 71] so entwickeln sie ihre ovalen, lederartigen, glänzenden Blätter sehr schön.

Begoniaceae

Die **Schiefblätter** oder *Begonien* gehören mit Recht zu den beliebtesten Zimmerblattpflanzen. Ihr großer Formenreichtum, ihre Mannigfaltigkeit in der Blattfärbung und ihre verhältnismäßig leichte Kultur und Vermehrung machen sie so recht dazu geeignet, Modepflanzen zu werden. Sammlungen von *Begonien* sind verhältnismäßig selten und doch sind gerade die *Begonien* recht wohl im stande, auch in einer größeren Sammlung das Interesse des Pflanzenfreundes wachzuhalten. Ein ganz besonderer Vorteil der *Begonien* ist es, daß sie keine Sonne brauchen, daß sie im sonnenfreien hellen Zimmer gut gedeihen. Gibt man ihnen hier einen Platz auf einem treppenartigen Aufbaue und spritzt man sie häufiger, so entwickeln sie sich in lockerer, humusreicher, sandiger Erde bei häufiger Anwendung eines Dunggusses vorzüglich. Nur Kälte können sie nicht vertragen. Das Zimmer, in dem sie im Winter gehalten werden, soll geheizt sein. Die Vermehrung geschieht durch Aussaat, durch Stecklinge, Blattstecklinge und Luftknollen. Der staubfeine Same wird am besten vor der Aussaat mit einem größeren Quantum feinen Sandes recht gleichmäßig gemischt, damit die Samen nicht zu dicht liegen und auf gut geglättete, lockere Erde im Februar ausgesät, darauf mit einem Brettchen festgedrückt und leicht mit einem Zerstäuber überbraust. [pg 72] Damit die Erde oben nicht austrocknet, bedeckt man den Topf mit einer Glasscheibe. Die sehr kleinen Sämlinge werden möglichst bald auf 1 cm Entfernung in lockere Erde pikiert und auch

99

nur durch Besprengen befeuchtet. Sowie sie sich gegenseitig berühren, pikiert man sie auf doppelte Entfernung. Haben sie auch diese Größe erreicht, dann kann man sie einzeln in kleine Töpfe pflanzen. Jedesmal, wenn die Wurzeln die Topfwand erreichen, verpflanzt man sie in etwas größere Töpfe, die, da die Wurzeln nicht sehr tief gehen, breiter als hoch sein sollen. *Begonien* vertragen es nicht, wenn sie sich gegenseitig berühren. Deshalb stelle man sie immer soweit, daß etwas Zwischenraum zwischen den einzelnen Pflanzen bleibt. Die Vermehrung durch gewöhnliche Stecklinge gelingt sehr leicht, wenn man die Stecklinge bis zur Bewurzelung unter Glas hält. Sehr interessant ist die Blattstecklingsvermehrung, welche man leicht ausführen kann, wenn man über einen kleinen heizbaren Kasten verfügt. Wie diese Blattstecklinge gemacht werden, wurde bereits früher (s. S. 22) angegeben. Nachdem sich an den Blättern junge Pflänzchen gebildet haben, nimmt man diese ab und behandelt sie ganz wie Sämlinge. Eine Anzahl *Begonien* bilden im Herbst in den Achseln der Blätter erbsengroße Knöllchen, welche schließlich abfallen. Man hebt dieselben am besten in trockener Erde auf und legt sie im nächsten Frühjahre, wenn sie zu treiben beginnen, einzeln in kleine Töpfe in gute Erde. Es entwickeln sich aus ihnen schnell kräftige Pflanzen, welche wiederholt zu verpflanzen sind. Die Knollen selbst werden größer und bleiben während des [pg 73] Winters, nachdem die oberirdischen Teile eingezogen sind, in der Erde, die man nun nicht mehr gießt.

Begonia Rex

Die verbreitetste Art ist *Begonia Rex Putz.* aus Ostindien, welche zu Anfang der fünfziger Jahre des vorigen Jahrhunderts eingeführt wurde. Ihre großen dunkelgrünen Blätter sind mit einer breiten, silberweißen unregelmäßigen Zone versehen, unterseits rötlich grün mit blaßgrüner Zone und mit rötlich behaarten Nerven versehen. Diese Stammart ist mit einer Anzahl anderer Arten, wie *B. xanthina Hook.* gekreuzt worden, die Bastarde sind wieder untereinander gekreuzt und so hat man eine sehr große Anzahl von Formen erhalten, welche durch prächtige Blattfärbungen ausgezeichnet sind. Die echte Stammform der *Begonia Rex* ist mittlerweile ziemlich selten geworden. *Begonia xanthina Hook.* aus Ostindien hat dunkelgrüne Blätter [pg 74] mit hellen Nerven, auf der Unterseite sind die Blätter kupferrot. Die Blüten sind gelb. Einer anderen Gruppe gehört *Begonia discolor R. Br.*[44] an, deren unterseits tiefrote, oberseits reingrüne, metallisch glänzende Blätter an verhältnismäßig dünnen, bis dreiviertel Meter hohen Ästen sitzen, welche aus einer Knolle entspringen. Diese Art bildet in den Blattachseln Brutknöllchen, welche im Herbste, wenn die Stengel und Blätter absterben, abfallen. Eine sehr hübsche immergrüne Art ist *Begonia argyrostigma Fisch.*, welche bis einen Meter hoch wird und dunkelgrüne, reinweiß gefleckte, etwas fleischige Blätter trägt. Sehr dekorativ durch ihre großen, siebenzackig gelappten Blätter ist *Begonia heracleifolia Cham. et Schl.* Die Blätter stehen auf langen rauhhaarigen, dicken Blattstielen, welche [pg 75] von einem dicken, kriechenden Wurzelstocke ausgehen. Fast noch schöner ist die ähnliche *Begonia ricinifolia*, deren oberseits bräunlich-dunkelgrüne Blätter einen prächtigen Seidenglanz besitzen. In der Farbe von den bisherigen ganz abweichend ist die mit sammetglänzenden, smaragdgrünen Blättern versehene *Begonia smaragdina hort.*, welche klein bleibt und sich am schönsten fern vom Lichte entwickelt.

Begonia maculata

Myrtaceae

Unter den Myrtengewächsen gibt es- eine große Anzahl schöner Blattpflanzen, welche sich gut im Zimmer halten lassen. Über ihre Kultur im allgemeinen ist zu bemerken, daß sie eine gute humusreiche Erde, guten Wasserabzug, reichliche Bewässerung während der Vegetationsperiode, kühlen aber frostfreien Winterstandort haben wollen. Im geheizten Zimmer halten sie sich schlecht. Die bekannteste Art ist die gewöhnliche Myrte, *Myrtus communis L.*, die im Sommer viel frische Luft, im Winter einen hellen frostfreien Platz haben will. Für Düngung während der Vegetation ist sie sehr empfänglich. Die Vermehrung durch Stecklinge gelingt sehr leicht. Eine andere, nicht seltene Art ist der **Blaugummibaum**, *Eucalyptus Globulus L.* aus Australien, dessen blaugrüne Belaubung sich prächtig von der der meisten anderen Blattpflanzen abhebt. Er verlangt während des Sommers außerordentlich viel Wasser und reichlich Nahrung. Man zieht ihn aus Samen heran, die man schon im Februar aussät. Die jungen [pg 76] Pflanzen werden bald einzeln in kleine Töpfe in nahrhafte Erde verpflanzt und erhalten sofort, nachdem die Wurzeln die Topfwand erreicht haben, größere Töpfe. Wenn man dies regelmäßig wiederholt und im Sommer reichlich düngt, kann man leicht in einem Jahre 2–3 m hohe Pflanzen erhalten. In späteren Jahren werden die [pg 77] anfänglich scharf vierkantigen Zweige stielrund und die Blätter nehmen eine ganz abweichende Gestalt an. Neben dieser Art sind noch zahlreiche andere Arten in Kultur, welche sämtlich ebenso zu behandeln sind.

Sie variieren im Laube außerordentlich. Bemerkenswert ist die eigentümliche Stellung der Blätter älterer Pflanzen zum Horizont.

Eucalyptus Globulus

Sehr schön sind die *Eugenia*-Arten, welche lederartige, prächtig glänzende Blätter tragen.

Melastomataceae

Die *Melastomataceen* gehören zu den Juwelen des Zimmerpflanzenliebhabers. Sie sind leicht kenntlich an der eigentümlichen Nervatur der Blätter, da sie nicht einen, sondern 3–5 durchgehende Längsnerven besitzen, welche durch zahlreiche rechtwinklig davon abgehende feine Seitennerven miteinander verbunden werden. Das Laub der in Kultur befindlichen Arten ist meist durch eine besondere Färbung ausgezeichnet, häufig sehr schön gefleckt oder punktiert, atlasartig glänzend. Als Bewohner des tropischen Urwaldes gedeihen sie allerdings am besten im Glashause, aber bei sorgsamer Behandlung kann man sich selbst an frei im Zimmer gehaltenen Exemplaren lange Zeit ihrer Schönheit erfreuen. Viele Arten sind so klein, daß sie bequem unter einer Käseglocke gehalten werden können. Ganz reizend sieht es aus, wenn man sich aus einem Torfmoore ein Polster des Torfmooses mit gesunden »Köpfen« holt, dieses auf einen Glasteller stellt, oben [pg 78] hinein einen *Bertolonia* pflanzt und nun den Teller mit einer Glasglocke bedeckt. Wenn man durch drei untergelegte Korkscheibchen dafür sorgt, daß frische Luft unter die Glasglocke kommen kann und das Moospolster von unten her mit reinem, **kalkfreien** Regenwasser bewässert, dann wird sich die *Bertolonia* an einem recht sonnigen Fenster prächtig entwickeln, wenn man die direkten Sonnenstrahlen durch ein Blatt weißes Papier fern hält. Die Glasglocke muß natürlich glatte Wände haben.

Bertolonia guttata

Unter den *Bertolonien* ist die schönste Art *Bertolonia guttata Hook.*[45] aus Brasilien, von welcher wiederum die Varietät *margaritacea* alle anderen überragt. Die Blätter sind mehr oder minder dunkelkupferfarben mit andersfarbigen Punkten versehen. Bei der genannten Varietät sind die Punkte groß und blendend weiß, bei anderen rosenrot, [pg 79] mehr zerstreut, bald ziemlich dicht über die Blattfläches verteilt. Bei einer zweiten Art, *Bertolonia maculata Dc.* aus Brasilien, sind die Blätter mit andersfarbigen Flecken versehen. Durch Bastardierungen hat man nun eine große Anzahl von Formen gezüchtet, die sämtlich sehr effektvoll sind. Wenn man *Bertolonien* in Töpfen kultiviert, dann nehme man möglichst kleine Töpfe und eine faserige Torferde, die mit Holzkohlenbrocken gut gemischt ist, sorge auch für guten Wasserabfluß. Zum Begießen verwende man nur reines Regenwasser.

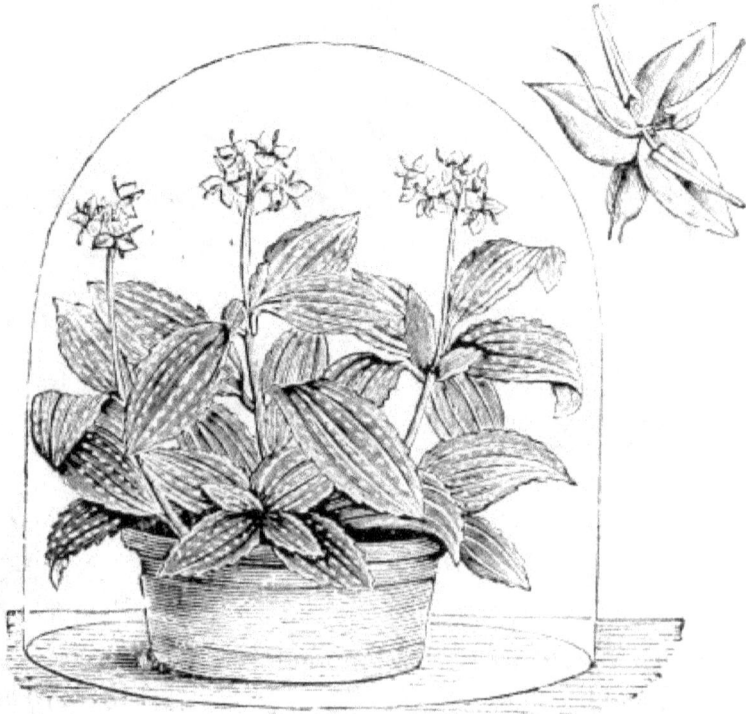

Sonerila margaritacea

Eine andere *Melastomatacee* die man bei aufmerksamer Pflege im Zimmer halten kann, ist *Cyanophyllum magnificum Linden*[46] aus Mexiko. Es gibt wenige Pflanzen, welche auch auf den Gleichgültigsten einen so tiefen Eindruck machen, wie diese Pflanze. Die [pg 80] großen Blätter, welche paarweise zusammenstehen, sind oberseits prächtig metallisch glänzend, unterseits dunkelblau- purpurn. In einem mäßig großen Glaskasten, in dem man für beständig feuchte Luft sorgen kann, bringt man sie zur schönsten Entwickelung. Endlich sind noch die kleinen *Sonerila*-Arten aus Ostindien für kleine Glaskästen zu empfehlen, welche durch ihre reizenden bunten Blätter und zugleich durch ihre eigentümlichen rosenroten Blüten den Liebhaber erfreuen. Die bekannteren Arten sind *Sonerila margaritacea Lindl.* mit dunkelgrünen, weiß punktierten Blättern und *Sonerila Hendersoni hort. Angl.* mit unregelmäßig verteilten silbergrauen Flecken auf den Blättern. Von den *Sonerilen* hat man zahlreiche Bastarde gezogen, welche teils durch die Blattfärbung, teils durch die Farbe und Größe der Blüten von einander abweichen.

Araliaceae

Die *Araliaceen* sind meist Holzgewächse mit spiralig gestellten, seltener gegenständigen, ungeteilten oder handförmig oder fiederig geteilten oder auch zusammengesetzten Blättern. Die bekannteste, auch bei uns heimische Art ist der gewöhnliche **Epheu**, *Hedera helix L.* Im Zimmer wird hauptsächlich die großblätterige Form desselben, *Hedera helix hibernica*, verwendet, welcher schneller wächst. Eine bei uns leider seltene, aber sehr dankbare Art ist der kolchische Epheu, *Hedera colchica C. Koch* mit größeren rundlichen Blättern. Epheu ist bekanntlich eine Schattenpflanze, die deshalb in Zimmern ohne direktes [pg 81] Sonnenlicht sehr gut gedeiht, auch weiter ab vom Fenster noch mit Erfolg gezogen werden kann. Um ihn zu voller Schönheit zu bringen, ist es notwendig, ihm einen Platz anzuweisen, an dem er womöglich jahrelang unverrückt stehen bleiben kann. Hier treibt er, wenn er erst einmal angewachsen ist, sehr schnell und bedeckt große Flächen mit seinem schönen Laube. Unseren gewöhnlichen Epheu und dessen Formen verwendet man am besten in kühleren Zimmern, während man den kolchischen Epheu auch im geheizten Wohnzimmer gut vorwärts bringt. Sehr schön eignet sich Epheu zur Bekleidung der oberen Partien eines Fensters, vor dem Pflanzen stehen. Zieht man ihn hier an den Seiten in die Höhe und läßt ihn sich dann etwa in der Höhe des Fensterkreuzes ausbreiten, so liefert er einen sehr wertvollen Ersatz für Gardinen, ohne den tiefer stehenden Pflanzen zuviel Licht zu rauben. Die beste Erde für Epheu ist eine lockere, nahrhafte, humusreiche Erde. Während der Vegetationszeit gebe man reichlich Wasser, während der Winterruhe nur soviel, daß die Erde oben feucht bleibt. Außerdem ist der Epheu aber während der Vegetationszeit für eine regelmäßige Düngung sehr dankbar. Im Alter ändert der Epheu seinen Habitus vollständig: die bis dahin mit Saugwurzeln versehenen Zweige, welche sich nicht vollständig halten konnten, werden stark, treten von ihrer Stütze, Wand, Mauer oder dergl. ab, die Blätter werden einfach, erhalten das Aussehen von Birnblättern und stellen sich nicht mehr zweizeilig, sondern ringsum um den Zweig, der dann auch bald zu blühen beginnt. Wenn man solche Zweige abschneidet [pg 82] und als Stecklinge behandelt, so behalten sie diese Wuchsform bei, man erhält »**Baumepheu**«. Nächst dem Epheu ist *Fatsia japonica Decne*, verbreiteter unter dem Namen *Aralia Sieboldi* und *Aralia japonica*, die bekannteste *Araliacee*. Diese aus Samen heranzuziehende Art mit schönen großen, sattgrünen, lederartigen, handförmig-fünflappigen Blättern sieht man sehr häufig, schön allerdings fast nur als kleine Pflanzen, während größere Pflanzen meist einen langen kahlen Stamm haben, von dem die meisten Blätter traurig herabhängen. Und doch ist es nicht gar zu schwierig, auch große Pflanzen schön beblättert zu erhalten. Dazu ist nötig, daß man die Erde niemals zu trocken werden läßt und daß sie stets reichlich Nahrung enthält. Im Winter darf sie ferner nicht zu warm stehen, ein heller Platz im kühlen, frostfreien Zimmer sagt ihr am besten zu. Das Verpflanzen muß jährlich im Frühjahre erfolgen, kann auch, wenn die Pflanze zeitig im Sommer mit den Wurzeln die Topfwand erreicht hat, dann noch einmal vorgenommen werden. Man sorgt in den weiten Töpfen für guten Wasserabzug und gibt eine Mischung von Laub- und Haideerde mit etwas altem Lehm und scharfem Sand. Eine ähnliche Pflanze mit doppelt so großen filzigen Blättern ist *Tetrapanax papyrifera C. Koch*.[47]

bekannt unter dem Namen *Aralia papyrifera* und *Fatsia papyrifera* aus Formosa, aus deren Mark das »Reispapier« hergestellt wird. Dieselbe verlangt die gleiche Behandlung wie *Fatsia japonica,* nur will sie während des Winters etwas wärmer stehen. [pg 83]

Aralia papyrifera

Unter den echten *Aralien* gibt es eine ganze Anzahl mit sehr zierlichen gefingerten Blättern, wie *Aralia Veitchi hort.* und *Aralia elegantissima hort.,* ferner mit gefiederten Blättern, wie *Aralia filicifolia Moore,* welche im geheizten Wohnzimmer bei sorgsamer Pflege gut gehalten werden.

Cornaceae

Unter den Verwandten der Kornelkirsche befindet sich eine
Pflanze, die **Goldorange**, *Aucuba japonica Thunb.* welche mit
zu den härtesten Blattpflanzen gehört und zusammen mit
Evonymus japonica (s. S. 70) eine der verbreitetsten
Blattpflanzen ist. Ihre mittelgroßen, gegenständigen,
lederartigen Blätter sind teils reingrün, teils [pg 84] gefleckt,
bald breiter, bald schmäler, ihre dicken Zweige sind
reingrün. Die Pflanzen blühen verhältnismäßig leicht, sind
aber getrenntgeschlechtig, sodaß man Pflanzen beider
Geschlechter haben muß, um an den weiblichen Pflanzen
die schönen großen, länglichen, zinnoberroten Beeren zu
erhalten. Während des Winters müssen die Pflanzen kühl
stehen, im warmen Zimmer kränkeln sie. Beim Verpflanzen
im Frühjahre gibt man ihnen eine kräftige, sehr nahrhafte
Erde. Die Vermehrung gelingt leicht durch Stecklinge.

Labiatae

Die Lippenblüter oder *Labiaten* sind bekanntlich vielfach durch charakteristische Gerüche ausgezeichnet. Zu diesen wohlriechenden Pflanzen gehört auch *Pogostemon Patchouli*[48] aus Ostindien, die Patschoulipflanze, ein ausdauerndes, immergrünes, krautiges Gewächs mit hellgrünen, fast rautenförmigen, weichhaarigen Blättern, welche den bekannten Duft aushauchen. Die Pflanze will im Winter im geheizten Wohnzimmer stehen; sie verlangt ziemlich feuchte Luft und ist etwas schwierig im Zimmer zu halten. Dagegen halten sich die *Coleus*-Arten aus Java im warmen Zimmer bei nur einiger aufmerksamer Pflege sehr gut. Es sind hauptsächlich drei Arten: *Coleus Blumei Benth.*[49], *Coleus laciniatus Bl.*[50] und *Coleus Verschaffelti Lemaire*[51], welche vielfach mit einander gekreuzt worden sind und einer großen Anzahl Gartenformen, die sich durch prächtige Buntfärbung des Laubes auszeichnen, den Ursprung gegeben haben. Am [pg 85] schönsten werden die *Coleus*, wenn man sie ganz dicht am sonnigen Fenster hält und sie nicht spritzt, sondern durch feuchtes Moos, mit dem man die Töpfe umgibt, dafür sorgt, daß die Pflanzen stets von feuchter Luft umgeben sind. Die Coleusblätter haben nämlich die im Pflanzenreiche ziemlich vereinzelt dastehende Eigentümlichkeit, daß die Blattfarbe durch Wasser abgewaschen wird. Alte Pflanzen von *Coleus*, welche nicht von unten auf beblättert sind, sehen unansehnlich aus. Man zieht sich deshalb junge Pflanzen aus Stecklingen heran, die unter Glas in sandiger Erde sehr schnell Wurzeln bilden. Die bewurzelten Stecklinge pflanzt man in mehr breite als tiefe Töpfe in eine recht nahrhafte, lockere, sandige, humusreiche Erde und düngt sie regelmäßig und reichlich mit einer Tausendellösung von salpetersaurem Kali. Sowie die Wurzeln die Topfwand erreicht haben, verpflanzt man mit möglichster Schonung des Ballens in größere Töpfe. Um recht buschige Exemplare zu erhalten, schneidet man die Spitze des Stecklings, die man wieder als Steckling verwenden kann, fort und entspitzt auch weiterhin die Seitentriebe wiederholt, wenn sie das dritte bis vierte Blattpaar gebildet haben. In neuerer Zeit sind besonders großblättrige Formen gezüchtet worden, welche aber die älteren, kleinblättrigeren Formen in der Farbenpracht nicht erreichen.

Acanthaceae

Die *Acanthaceen* bilden eine hauptsächlich in den warmen Zonen heimische Familie, welche eine ganze Reihe [pg 86] prächtiger Zierpflanzen für das Zimmer enthält. Nicht wenige sind durch schöne Blüten ausgezeichnet, andere wieder, welche uns hier im besonderen interessieren, besitzen wunderbar gefärbte Blätter. Die Kultur der *Acanthaceen* ist im allgemeinen keine schwierige. Man gebe ihnen einen Stand im warmen Zimmer, nahe am Fenster, sorge aber dafür, daß sich die Wurzeln nicht erkälten, weil diese sehr empfindlich sind. Ein Doppeltopf (s. S. 37) leistet gute Dienste. Die Erde sei nahrhaft, aber locker, der Wasserabzug gut. Während der Vegetations-Periode ist ein wiederholter Dungguß sehr am Platze. Die Vermehrung gelingt in den meisten Fällen leicht durch Stecklinge, die man unter Glas hält. Kann man einen warmen Kasten geben, so ist es um so besser.

Strobilanthes Dyerianus

[pg 87]
Eine der schönsten *Acanthaceen*, welche erst in den letzten Jahren in Kultur genommen ist, ist *Strobilanthes Dyerianus* aus Ostindien. Die großen lanzettlichen, paarweise gestellten Blätter zeigen auf der Oberseite ein prächtiges purpurrotes Lüstre, welches sich mit dem wechselnden Lichte ändert. Die Pflanze erlangt ihre größte Schönheit an schattiger Stelle. Durch häufiges Entspitzen sorge man für buschiges Wachstum. Eine zweite sehr schöne Art ist *Strobilanthes maculatus* (Vielfach unter dem Namen *Ruellia maculata* in Kultur) aus Indien, deren dunkelgrüne, länglichlanzettliche Blätter zu beiden Seiten des Hauptnerves je eine Reihe großer, reinweißer Flecken haben.

Sanchezia nobilis

Eine andere sehr schöne, aber schon alte Art ist *Sanchezia nobilis Hook.*[52] aus dem tropischen [pg 88] Amerika. Die oval lanzettlichen, sehr großen, paarweise gestellten glatten Blätter besitzen auf sattgrünem Grunde schön goldgelb gefärbte breite Nerven. In mehr flachen als tiefen Töpfen kann man in kurzer Zeit sehr schöne, ansehnliche Exemplare heranziehen, wenn man ihnen recht lockere, mit faserigem Torf gemischte Erde gibt.

Eranthemum leuconeuron

Mehr für geschlossene Glaskästen sind die Arten der Gattung *Eranthemum*. Ihre Blätter zeigen auf grünem bis schwarzbraunem Grunde prächtige Zeichnungen in Weiß, Goldgelb oder Rot. Besonders schön sind einerseits diejenigen Arten, deren Adern ein weißes oder rotes Netzwerk auf grünem Grunde bilden, wie *Eranthemum rubrovenium* und *E. sanguinolentum*[53], andererseits diejenigen Arten, welche auf dunkelschwarzbraunem Grunde lebhaft rot und goldgelbe Zeichnungen besitzen, wie *E. igneum*[54].

[pg 89]

Coffea arabica

Rubiaceae

In unserer heimischen Flora sind die *Rubiaceen* durch
Labkräuter, Waldmeister und Färberröte vertreten, eine
Gruppe, die weniger dekorativ wirkt. In den Tropen
dagegen finden sich unter den *Rubiaceen* zahlreiche Arten,
welche wert sind, ihrer Blätter wegen kultiviert zu werden.
Leider sind nur verhältnismäßig sehr wenige Arten in
Kultur. Alle *Rubiaceen* haben gegenständige Blätter, die sehr
häufig lederartig, glänzend, sattgrün sind. Die Pflanzen sind
teils krautig, teils holzig. In der Kultur verlangen sie sehr
nahrhafte Erde und während der Vegetationsperiode
reichlich Wasser und wiederholten Dungguß. Während des
Winters hält man sie im geheizten Zimmer. *Rubiaceen* haben
wie die *Acanthaceen* besonders [pg 90] stark vom Ungeziefer
zu leiden. Namentlich siedelt sich auf ihnen die weiße
Schmierlaus gern an. Häufiges Waschen und Spritzen hält
sie am besten frei vom Ungeziefer. Bekanntlich gehören zu
den *Rubiaceen* eine ganze Anzahl wichtiger Heil- und
Genußmittel liefernde Pflanzen. Die bekannteste und auch
leicht im Zimmer zu haltende Art ist der gewöhnliche
Kaffeebaum, *Coffea arabica L.* Derselbe hat mittelgroße,
breitlanzettliche, lederartige, dunkelgrüne, glänzende
Blätter. Die Pflanze baut sich infolge der horizontal
abstehenden Zweige etwas sperrig. Die Anzucht gelingt
leicht aus Samen, die man aber aus einer Samenhandlung
beziehen muß, weil die ungebrannten »Kaffeebohnen« in
den Kaufmannsläden nicht mehr keimfähig sind. Zu gutem
Gedeihen verlangt die Pflanze eine sehr nahrhafte, etwas

schwere Erde, also Lehmzusatz und während der Vegetationsperiode wiederholten Dungguß einer Tausendellösung von Kalisalpeter. Bei guter Pflege blüht die Pflanze, die sich schnell zu einem hübschen Bäumchen entwickelt, in wenigen Jahren und entwickelt aus den reinweißen Blüten rote Beeren, in denen zwei Samen, die »Kaffeebohnen« liegen. Direktes Sonnenlicht verträgt der Kaffeebaum nicht.

Caprifoliaceae

Eine sehr harte *Caprifoliacee*, die man ebensowohl zu den Blattpflanzen, wie zu den Blütenpflanzen rechnen kann, ist *Viburnum Tinus L.*, in den Gärten meist unter dem Namen *Laurus Tinus* verbreitet, welches in Südeuropa und Nordafrika heimisch ist. Sein immergrünes, [pg 91] hartes, rauhhariges Laub ist nicht besonders groß, aber sehr dicht gestellt und bildet einen schönen Hintergrund zu den zahlreichen rötlichweißen Blüten, welche im Frühlinge in Dolden erscheinen. Entsprechend ihrer Heimat hält man die Pflanze im Winter ganz kühl, aber frostfrei. Im Sommer gibt man reichlich Wasser und Nahrung. Im übrigen ist die Pflanze nicht anspruchsvoll; man kann sie sehr wohl auch an dunkleren Stellen aufstellen, z. B. mit *Aucuba* und *Evonymus* zusammen, mit deren glänzender Belaubung ihre stumpfgrünen Blatter schön kontrastieren.

Viburnum Tinus

Footnotes

Seit Erstellung des Buches haben sich unvermeidliche Änderungen an den botanischen Namen der besprochenen Pflanzenarten ergeben. Der Korrekturleser hat daher in solchen Fällen Fußnoten auf die im Jahr 2007 gültigen Namen in den Text eingefügt.

1.

=*Asplenium nidus* L.

2.

=*Phlebodium aureum* (L.) J. Sm.

3.

=*Pteris cretica* var. *albolineata* Hook.

4.

=*Pteris multifida* Poiret

5.

=*Pteris aspericaulis* var. *tricolor* T. Moore ex Lowe

6.

=*Adiantum raddianum* K. Presl

7.

=*Adiantum capillus-veneris* L.

8.

hort.

9.

?=*Selaginella watsonii* Underwood

=*Araucaria columnaris* (G. Forst.) Hook.

Eine den meisten Palmen vorzüglich zusagende Erde, die in der berühmten Palmengärtnerei zu Herrenhausen verwendet wird, besteht aus zwei Teilen Lauberde, zwei Teilen Marscherde und einem Teil Kuhlagererde. As Drainage wird daselbst Coaks in haselnußgroßen Stücken verwendet.

=*Livistona chinensis* var. *chinensis*

=*Livistona rotundifolia* (Lam.) Mart.

=*Livistona saribus* Merr.

=*Washingtonia robusta* H. Wendl.

=*Washingtonia filifera* H. Wendl.

?=*Washingtonia sonorae* S. Watson =*Washingtonia robusta* H. Wendl.

=*Brahea armata* S. Watson

Rhapis excelsa Henry

=*Ptychosperma macarthurii* H. Wendl.

=*Archontophoenix cunninghamiana* H. Wendl. & Drude

=*Chamaedorea elatior* Mart.

=*Chamaedorea ernesti-augusti* H. Wendl.

=*Lytocaryum weddellianum* Toledo

=*Syagrus romanzoffiana* Glassmann

=*Syagrus romanzoffiana* Glassmann

=*Gibasis geniculata* Rohweder

=*Yucca gloriosa* var. *recurvifolia* Engelm.

=*Yucca aloifolia* L.

?=*Cordyline fruticosa* A. Chev.

=*Cordyline fruticosa* A. Chev.

=*Cordyline fruticosa* A. Chev.

?=*Cordyline cannifolia* R. Br.

=*Dracaena reflexa* var. *angustifolia* Baker

=*Molineria capitulata* Herb.

=*Musa* × *paradisiaca* L.

=*Musa acuminata* Colla

131

=*Maranta cristata* Nees & Mart.

39.

=*Stromanthe thalia* J.M.A. Braga

40.

=*Peperomia argyreia* E. Morren

41.

=*Peperomia fraseri* C. DC.

42.

=*Ficus pumila* L.

43.

=*Euonymus japonicus* Thunb.

44.

=*Begonia grandis* Dryand.

45.

=*Gravesia guttata* Triana

46.

?=*Miconia calvescens* Schrank & Mart.

47.

=*Tetrapanax papyrifer* K. Koch

48.

=*Pogostemon cablin* Benth.

49.

=*Plectranthus scutellarioides* R. Br.

50.

=*Plectranthus scutellarioides* R. Br.

51.

=*Plectranthus scutellarioides* R. Br.

52.

=*Sanchezia oblonga* Ruiz & Pav.

53.

=*Hypoestes lasiostegia* var. *sanguinolenta* (Van Houtte)

132

Benoist

54.

=*Aphelandra maculata* (Tafalla ex Nees) Voss

www.ingramcontent.com/pod-product-compliance
Lightning Source LLC
Chambersburg PA
CBHW030614270326
41927CB00007B/1177